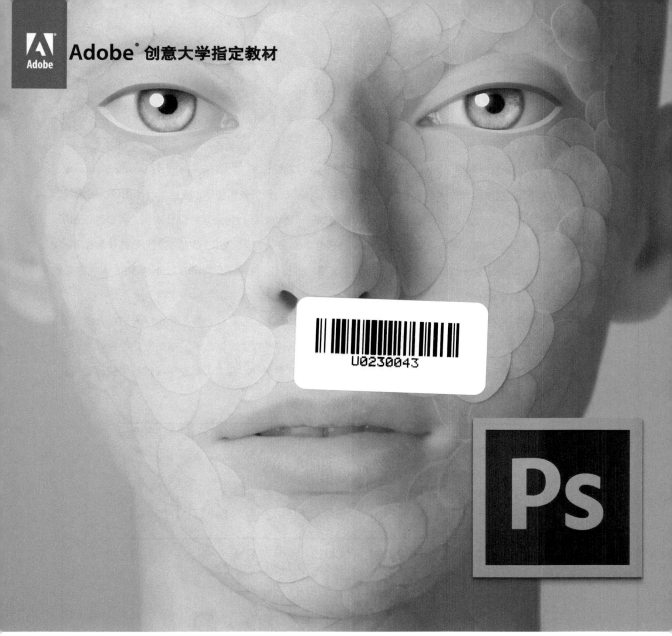

Adobe 创意大学指定教材

Ps

Adobe® 创意大学
Photoshop CS6标准教材

多媒体教学资源
- 本书实例的素材以及效果文件
- 本书400多分钟的实例同步高清视频教学

北京希望电子出版社　总策划
刘大智　编　著

北京希望电子出版社
Beijing Hope Electronic Press
www.bhp.com.cn

内容简介

Photoshop 是 Adobe 公司的一款网页作图软件，是一款创建与优化图像，以及进行广告、平面设计的理想工具。

本书全面、详细地讲解了 Adobe Photoshop CS6 的各项功能，共 13 章，分别介绍了 Adobe Photoshop CS6 入门速成、创建与编辑选区、图层与图层组、路径与选区、绘制矢量图形、变换域润饰图像、图像特效处理与合成、3D 模型处理、文本与样式、滤镜与智能滤镜、通道、自动化处理及综合实例。其中包括图层、路径、通道、蒙版、滤镜、文本、3D 等重点和难点内容。本书以"理论知识+实战案例"形式讲解知识点，对 Photoshop CS6 产品专家认证的考核知识增加了着重点的标注，方便初学者和有一定基础的读者更有效率地掌握 Photoshop CS6 的重点和难点。

本书知识讲解安排合理，着重于提升学生的岗位技能竞争力，可以作为参加"Adobe 创意大学产品专家认证"考试学生的指导用书，还可以作为各院校和培训机构"数字媒体艺术"相关专业的教材。

本书附赠书中部分实例的源文件、效果文件以及视频教学文件，读者可以在学习过程中随时调用。

图书在版编目（ＣＩＰ）数据

Photoshop CS6 标准教材/刘大智编著. —北京：北京希望电子出版社，2013.4

（Adobe 创意大学系列）

ISBN 978-7-83002-089-7

Ⅰ．①P… Ⅱ．①刘… Ⅲ．①图像处理软件—教材 Ⅳ．①TP391.41

中国版本图书馆 CIP 数据核字（2013）第 017747 号

出版：北京希望电子出版社

地址：北京市海淀区中关村大街 22 号

中科大厦 A 座 10 层

邮编：100190

网址：www.bhp.com.cn

电话：010-82620818（总机）转发行部

010-82626237（邮购）

传真：010-62543892

经销：各地新华书店

封面：韦 纲

编辑：韩宜波 刘俊杰

校对：周卓琳

开本：787mm×1092mm 1/16

印张：19.5

字数：445 千字

印刷：北京建宏印刷有限公司

版次：2020 年 7 月 1 版 4 次印刷

定价：42.00 元

丛书编委会

主　任：王　敏

编委（或委员）：（按照姓氏字母顺序排列）

艾　藤　曹茂鹏　陈志民　邓　健　高　飞　韩宜波

胡　柳　胡　鹏　靳　岩　雷　波　李　藓　李少勇

梁硕敏　刘　强　刘　奇　马李昕　石文涛　舒　睿

宋培培　万晨曦　王中谋　魏振华　吴玉聪　武天宇

张洪民　张晓景　朱园根

本书编委会

主　编：北京希望电子出版社

编　者：刘大智

审　稿：韩宜波　刘俊杰

丛 书 序

  文化创意产业是社会主义市场经济条件下满足人民多样化精神文化需求的重要途径，是促进社会主义文化大发展大繁荣的重要载体，是国民经济中具有先导性、战略性和支柱性的新兴朝阳产业，是推动中华文化走出去的主导力量，更是推动经济结构战略性调整的重要支点和转变经济发展方式的重要着力点。文化创意人才队伍是决定文化产业发展的关键要素，有关统计资料显示，在纽约，文化产业人才占所有工作人口总数的12%，伦敦为14%，东京为15%，而像北京、上海等国内一线城市还不足1%。发展离不开人才，21世纪是"人才世纪"。因此，文化创意产业的快速发展，创造了更多的就业机会，急需大量优秀人才的加盟。

  教育机构是人才培养的主阵地，为文化创意产业的发展注入了动力和新鲜血液。同时，文化创意产业的人才培养也离不开先进技术的支撑。Adobe®公司的技术和产品是文化创意产业众多领域中重要和关键的生产工具，为文化创意产业的快速发展提供了强大的技术支持，带来了全新的理念和解决方案。使用Adobe产品，人们可尽情施展创作才华，创作出各种具有丰富视觉效果的作品。其无与伦比的图形图像功能，备受网页和图形设计人员、专业出版人员、商务人员和设计爱好者的喜爱。他们希望能够得到专业培训，更好地传递和表达自己的思想和创意。

  Adobe®创意大学计划正是连接教育和行业的桥梁，承担着将Adobe最新技术和应用经验向教育机构传导的重要使命。Adobe®创意大学计划通过先进的考试平台和客观的评测标准，为广大合作院校、机构和学生提供快捷、稳定、公正、科学的认证服务，帮助培养和储备更多的优秀创意人才。

  Adobe®创意大学标准系列教材，是基于Adobe核心技术和应用，充分考虑到教学要求而研发的，全面、科学、系统而又深入地阐述了Adobe技术及应用经验，为学习者提供了全新的多媒体学习和体验方式。为准备参与Adobe®认证的学习者提供了重点清晰、内容完善的参考资料和专业工具书，也为高层专业实践型人才的培养提供了全面的内容支持。

  我们期待这套教材的出版，能够更好地服务于技能人才培养、服务于就业工作大局，为中国文化创意产业的振兴和发展做出贡献。

北京中科希望软件股份有限公司董事长 周明陶

序

　　Adobe®是全球最大、最多元化的软件公司之一，旗下拥有众多深受客户信赖的软件品牌，以其卓越的品质享誉世界，并始终致力于通过数字体验改变世界。从传统印刷品到数字出版，从平面设计、影视创作中的丰富图像到各种数字媒体的动态数字内容，从创意的制作、展示到丰富的创意信息交互，Adobe解决方案被越来越多的用户所采纳。这些用户包括设计人员、专业出版人员、影视制作人员、商务人员和普通消费者。Adobe产品已被广泛应用于创意产业各领域，改变了人们展示创意、处理信息的方式。

　　Adobe®创意大学（Adobe® Creative University）计划是Adobe联合行业专家、教育专家、技术专家，基于Adobe最新技术，面向动漫游戏、平面设计、出版印刷、网站制作、影视后期等专业，针对高等院校、社会办学机构和创意产业园区人才培养，旨在为中国创意产业生态全面升级和强化创意人才培养而联合打造的教育计划。

　　2011年中国创意产业总产值约3.9万亿元人民币，占GDP的比重首次突破3%，标志着中国创意产业已经成为中国最活跃、最具有竞争力的重要支柱产业之一。同时，中国的创意产业还存在着巨大的市场潜力，需要一大批高素质的创意人才。另一方面，大量受到良好传统教育的大学毕业生由于没有掌握与创意产业相匹配的技能，在走出校门后需要经过较长时间的再次学习才能投身创意产业。Adobe®创意大学计划致力于搭建高校创意人才培养和产业需求的桥梁，帮助学生提高岗位技能水平，使他们快速、高效地步入工作岗位。自2010年8月发布以来，Adobe®创意大学计划与中国200余所高校和社会办学机构建立了合作，为学员提供了Adobe®创意大学考试测评和高端认证服务，大量高素质人才通过了认证并在他们心仪的工作岗位上发挥出才能。目前，Adobe®创意大学已经成为国内最大的创意领域认证体系之一，成为企业招纳创意人才的最重要的依据之一，累计影响上百万人次，成为中国文化创意类专业人才培养过程中一个积极的参与者和一支重要的力量。

　　我祝愿大家通过学习由北京希望电子出版社编著的"Adobe®创意大学"系列教材，可以更好地掌握Adobe的相关技术，并希望本系列教材能够更有效地帮助广大院校的老师和学生，为中国创意产业的发展和人才培养提供良好的支持。

　　Adobe祝中国创意产业腾飞，愿与中国一起发展与进步！

Adobe大中华区董事总经理　黄耀辉

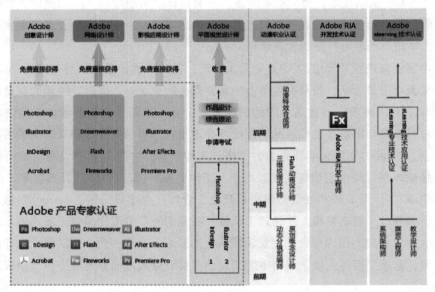

前言

一、Adobe®创意大学计划

　　Adobe®公司联合行业专家、行业协会、教育专家、一线教师、Adobe技术专家，面向国内游戏动漫、平面设计、出版印刷、eLearning、网站制作、影视后期、RIA开发及其相关行业，针对专业院校、培训领域和创意产业园区创意类人才的培养，以及中小学、网络学院、师范类院校师资力量的建设，基于Adobe核心技术，为中国创意产业生态全面升级和教育行业师资水平以及技术水平的全面强化而联合打造的全新教育计划。

　　详情参见Adobe®教育网：www.Adobecu.com。

二、Adobe®创意大学考试认证

　　Adobe®创意大学考试认证是Adobe®公司推出的权威国际认证，是针对全球Adobe软件的学习者和使用者提供的一套全面科学、严谨高效的考核体系，为企业的人才选拔和录用提供了重要和科学的参考标准。

三、Adobe®创意大学计划标准教材

　　— 《Adobe®创意大学Photoshop CS6标准教材》

　　— 《Adobe®创意大学InDesign CS6标准教材》

　　— 《Adobe®创意大学Dreamweaver CS6标准教材》

　　— 《Adobe®创意大学Fireworks CS6标准教材》

　　— 《Adobe®创意大学Illustrator CS6标准教材》

　　— 《Adobe®创意大学After Effects CS6标准教材》

　　— 《Adobe®创意大学Flash CS6标准教材》

　　— 《Adobe®创意大学Premiere Pro CS6标准教材》

四、咨询或加盟"Adobe®创意大学"计划

　　如欲详细了解Adobe®创意大学计划，请登录Adobe®教育网www.adobecu.com或致电010-82626190，010-82626185，或发送邮件至邮箱：adobecu@hope.com.cn。

编著者

第9章
文本与样式

第10章
滤镜与智能滤镜

第11章
通道

第12章
自动化处理

第13章
综合案例

第1章
Adobe Photoshop CS6
入门速成

Photoshop CS6是Adobe公司推出的Photoshop软件的最新版本，在图形图像处理领域拥有毋庸置疑的地位。本章介绍其软件的界面、文件、浏览以及裁剪等基础操作。

学习要点

- 了解软件界面
- 掌握文件基本操作
- 熟悉文件的视图操作
- 掌握纠正操作失误
- 熟悉图像尺寸与画布尺寸的设置
- 熟悉不同的颜色模式
- 了解参考线的使用
- 掌握"裁剪工具"与"透视裁剪工具"的使用方法

1.1 熟悉软件界面

启动Photoshop CS6后，计算机屏幕上会显示出软件的工作界面，如图1-1所示。

图1-1 软件界面

观察图1-1可以看出，Photoshop CS6的工作界面主要包括当前操作的图像文件、菜单栏、面板及面板栏、工具箱、工具选项栏及状态栏等元素。下面分别介绍Photoshop CS6软件界面中主要部分的功能及使用方法。

▶ 1.1.1 菜单

Photoshop包括11个菜单共上百个命令，听起来虽然有些复杂，但只要了解每个菜单命令的特点，通过这些特点就能够很容易地掌握这些菜单中的命令了。

许多菜单命令能够通过快捷键调用，部分菜单命令与面板菜单中的命令重合，因此在操作过程中真正使用菜单命令的情况并不太多，无需因为这上百个数量之多的命令产生学习方面的心理负担。

▶ 1.1.2 工具箱

执行"窗口"|"工具"命令，可以显示或者隐藏工具箱。

Photoshop工具箱中的工具极为丰富，其中许多工具都非常有特点，使用这些工具可以完成绘制图像、编辑图像、修饰图像、制作选区等操作。

为了使操作界面更加人性化、便捷化，Photoshop C6中的工具箱被设计成能够进行灵活伸缩的状态，用户可以根据操作需求将工具箱变为单栏或双栏显示。控制工具箱伸缩性功能的是工具箱最上面呈灰色显示的区域，其左侧有两个小"三角"形，被称为伸缩栏。单击此按钮，即可实现工作箱的伸缩控制。

另外，在工具箱中可以看到，部分工具的右下角有一个小三角图标，这表示该工具组中尚有隐藏工具未显示。

下面以"多边形套索工具" 为例，介绍如何选择及隐藏工具。

01 将鼠标放置在"套索工具" 的图标上，该工具图标呈高亮显示，如图1-2所示。

02 在此工具上单击鼠标右键。

03 此时Photoshop会显示出该工具组中所有工具的图标，如图1-3所示。

04 拖动鼠标指针至"多边形套索工具" 的图标上，如图1-4所示，即可将其激活为当前使用的
工具。

图1-2　工具图标

图1-3　工具菜单

图1-4　选择工具

▶ 1.1.3　选项栏

选择工具后，在大多数情况下还需要设置其工具选项栏中的参数，这样才能够更好地使用工
具。在工具选项栏中列出的通常是单选按钮、下拉菜单、参数数值框等，其使用方法都非常简
单，本书相关章节会进行介绍。

▶ 1.1.4　面板

Photoshop有多个面板，每个面板都有其各自不同的功能。例如，与图层相关的操作大部分都
被集成在"图层"面板中，而如果要对路径进行操作，则需要显示"路径"面板。

虽然面板的数量不少，但在实际工作中使用最频繁的只有其中的几个，即"图层"面板、
"通道"面板、"路径"面板、"历史记录"面板、"画笔"面板和"动作"面板等。掌握这些
面板的使用方法，基本能够完成工作中大多数复杂的操作。

要显示这些面板，可以在"窗口"菜单中寻找相对应的命令。

1. 收缩与扩展面板

与工具箱一样，面板也同样可以进行伸缩，这一功能极大增强了界面操作的灵活性。

对于最右侧已展开的一栏面板，双击其顶部的伸缩栏（灰色区域）或单击"三角"形图标
，可以将其收缩成为图标状态。反之，同样的操作则可以将该栏中的面板全部展开。

如果要切换至某个面板，可以直接单击其标签名称；如果要隐藏某个已经显示出来的面板，
则可以双击其标签名称。

展开所有面板后可以看到，虽然右侧罗列了多个面板，但却被很规则地分为两栏，这也是
Photoshop默认情况下的面板栏数量。当然，如果需要，也可以再增加更多个面板栏，这将在后面
的章节中介绍。

2. 拆分面板

当要单独拆分出一个面板时，可以选中对应的图标或标签并按住鼠标左键，然后将其拖动至
工作区中的空白位置，如图1-5所示。图1-6所示就是被单独拆分出来的面板。

图1-5　拆分面板　　　　　　　　　　　　　图1-6　拆分效果

3. 组合面板

组合面板可以将两个或多个面板合并到一个面板中，当需要调用其中某个面板时，只需单击其标签名称即可，否则，如果每个面板都单独占用一个窗口，则用于进行图像操作的空间就会极大减少，甚至会影响正常的工作。

要组合面板，可以拖动位于外部的面板标签至想要的位置，直至该位置出现蓝色反光时（如图1-7所示），释放鼠标左键，即可完成面板的拼合操作，如图1-8所示。通过组合面板的操作，可以将软件的操作界面布置成习惯或喜爱的状态，从而提高工作效率。

图1-7　组合面板　　　　　　　　　　　　　图1-8　组合效果

4. 隐藏/显示面板

在Photoshop中，按Tab键可以隐藏工具箱及所有已显示的面板，再次按Tab键可以全部显示。如果仅隐藏所有面板，则可按Shift+Tab组合键。同样，再次按Shift+Tab组合键可以全部显示。

▶ 1.1.5　状态栏

状态栏位于窗口最底部，如图1-9所示。它能够提供当前文件的显示比例、文件大小、内存使用率、操作运行时间、当前工具等提示信息。

显示比例区　　　　图像信息区

图1-9　状态栏

4

1.1.6　文件选项卡

Photoshop CS6中，以选项卡的形式排列当前打开的文件，其优点在于让用户在打开多个图像后能够一目了然，并通过快速单击所打开的图像文件的选项卡名称将其选中。

如果打开了多个图像文件，可以单击选项卡式文档窗口右上方的展开按钮，在弹出的下拉列表中选择要操作的文件，如图1-10所示。

图1-10　选择文件

> **提 示**
>
> 按Ctrl+Tab组合键，可以在当前打开的所有图像文件中从左向右依次进行切换；如果按Ctrl+Shift+Tab组合键，可以逆向切换这些图像文件。

1.2　文件基本操作

1.2.1　新建文件

最常用的获得图像文件的方法是建立新文件。执行"文件"|"新建"命令后，弹出如图1-11所示的"新建"对话框。在此对话框中可以设置新文件的"宽度"、"高度"、"颜色模式"及"背景内容"等参数，单击"确定"按钮，即可获取一个新的图像文件。

图1-11　"新建"对话框

- 预设：在此下拉列表中已经预设好了创建文件的常用尺寸，以方便用户操作。
- 宽度、高度、分辨率：在对应的数值框中键入数值即可分别设置新文件的宽度、高度和分辨率；在这些数值框右侧的下拉列表中可以选择相应的单位。
- 颜色模式：在其选择框的下拉列表中可以选择新文件的颜色模式；在其右侧选择框的下拉列表中可以选择新文件的位深度，用以确定使用颜色的最大数量。
- 背景内容：在其下拉列表中可以设置新文件的背景颜色。
- 存储预设：单击此按钮，可以将当前设置的参数保存成为预置选项，以便从"预设"下拉菜单中调用此设置。

实例：创建一个含出血的A4广告小样设计文件

下面通过一个实例介绍创建一个含出血的A4广告小样设计文件。

01 首先，A4纸的文件尺寸为210mm×297mm，根据常用的3mm出血尺寸，需要宽度和高度上各

增加6mm的出血，因此最终需要新建的文件尺寸为216mm×303mm。

02 按Ctrl+N组合键新建一个文件。在弹出的对话框中
按照上述尺寸进行设置。

03 通常情况下，小样设计文件均采用RGB模式，以便
于进行图像处理，因此应在"颜色模式"下拉列表
中选择"RGB颜色"选项。

04 同样由于是小样设计文件，仅采用72分辨率即可。
因此可以设置"分辨率"为72像素/英寸。

05 设置完成后的对话框如图1-12所示，单击"确定"
按钮退出即可。

图1-12　设置选项

1.2.2　打开文件

要在Photoshop中打开图像文件时，可以按照下面的方法操作。

- 执行"文件"|"打开"命令。
- 按Ctrl+O组合键。
- 双击Photoshop操作界面的空白处。

使用以上3种方法都可以在弹出的对话框中选择要打开的图像文件，然后单击"打开"按钮
即可。

1.2.3　直接保存图像文件

若想要保存当前操作的文件，则执行
"文件"|"储存"命令，弹出如图1-13
所示的"存储为"对话框。

🔍 提　示

　　只有当前操作的文件具有通道、图层、路径、
专色、注解，在"格式"下拉列表中选择支持保
存这些信息的文件格式时，对话框中的"Alpha通
道"、"图层"、"注解"、"专色"选项才会被
激活，可以根据需要选择是否保存这些信息。否则
"存储为"对话框将如图1-14所示。

图1-13　"存储为"对话框

图1-14　设置选项

> **提 示**
>
> 　　另外应注意养成随时保存文件的好习惯，仅是举手之劳，但在很多时候可能挽回不必要的损失，此操作的快捷键是Ctrl+S。

1.2.4　另存图像文件

　　若要将当前操作文件以不同的格式、或不同名称、或不同存储"路径"再保存一份，可以执行"文件"|"存储为"命令，在弹出的"存储为"对话框中根据需要更改选项并保存。

　　例如，要将Photoshop中制作的产品宣传册通过电子邮件给客户看小样，因其结构复杂、有多个图层和通道，文件所占空间很大，通过E-mail很可能传送不过去，此时，就可以将PSD格式的原稿另存为JPEG格式的副本，让客户能及时准确地看到宣传册效果。

> **提 示**
>
> 　　初学者在直接打开图片并对其进行修改的时候，最好能在第一时间先对其执行"另存为"命令，并在后面的操作过程中随时保存。这样做既可以保存操作，又不会覆盖素材原文件。

　　用户可以打开本书所附光盘中任意一个图片文件，然后将其以JPEG格式另存至"我的文档"中。

1.2.5　关闭文件

　　关闭文件应该是最简单的操作，即直接单击图像窗口右上角的关闭图标，或执行"文件"|"关闭"命令，或直接按Ctrl+W组合键即可。

1.3　纠正操作失误

1.3.1　执行命令纠错

　　在执行某一错误操作后，如果要返回这一错误操作步骤之前的状态，可以执行"编辑"|"还原"命令。如果在后退之后，又需要重新执行这一命令，则可以执行"编辑"|"重做"命令。不仅能够回退或重做一个操作，如果连续执行"后退一步"命令，还可以连续向前回退，如果在连续执行"编辑"|"后退一步"命令后，再连续执行"编辑"|"前进一步"命令，则可以连续重新执行已经回退的操作。

1.3.2　使用面板执行回退操作

　　"历史记录"面板具有依据历史记录进行纠错的强大功能。如果使用上一节介绍的简单命令无法得到需要的纠错效果，则需要使用此面板进行操作。

　　此面板几乎记录了进行的每一步操作。通过观察此面板，可以清楚地了解到以前所进行的操作步骤，并决定具体回退到哪一个位置，如图1-15所示。

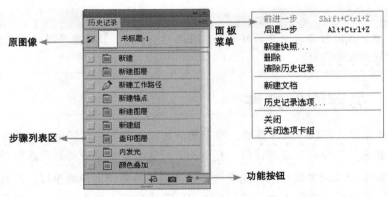

图1-15 "历史记录"面板

在进行一系列操作后，如果需要后退至某一个历史状态，则直接在历史记录列表区中单击该历史记录的名称，即可使图像的操作状态返回至此，此时在所选历史记录后面的操作都将呈灰度显示。例如，要回退至"新建锚点"的状态，可以直接在此面板中单击"新建锚点"历史记录，如图1-16所示。

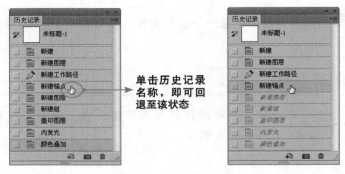

图1-16 后退至某一状态

可以尝试创建一个800像素×600像素的文件，然后在工具箱中选择"画笔工具"，随意在画布中涂抹5次，然后执行前面学习的命令撤销操作，同时在"历史记录"面板中观察撤销时的变化。

1.4 改变图像尺寸

图像尺寸与分辨率之间存在着很大的关联，图像尺寸是指一幅图像的物理尺寸，也就是它在打印输出后，在纸张中所显示的尺寸。图像分辨率是指图像中存储的信息量。这种分辨率有多种衡量方法，典型的是以每英寸的像素数（DPI）来衡量的。

调整图像尺寸的情况较为常见，执行"图像"|"图像大小"命令可以改变图像的尺寸。"图像大小"对话框如图1-17所示。

在修改图像尺寸时有两种选择。一种是在保持像素总量不变的情况下，通过缩小图像的物理尺寸来提高其分辨率，也可以通过降低图像分辨率来提高图像的物理尺寸，这种改变不会影响图像自身的质量，但会改变图像的打印尺寸；另一种是在图像的像素总量发生变化的情况下，改变图像的分辨率或者物理尺寸，这种改变会影响图像的质量或者打印尺寸。

可以打开随书所附光盘中的文件"源文件\第1章\1.4-素材.jpg"，如图1-18所示，将其大小修改为500像素×335像素。

图1-17 "图像大小"对话框

图1-18 图像素材

▶ 1.4.1 经验之谈——印刷时常用的分辨率

在印刷时往往使用线屏（lpi）而不是分辨率来定义印刷的精度，在数量上线屏是分辨率的2倍，了解这一点有助于在知道图像的最终用途后，确定图像在扫描或制作时的分辨率数值。

例如，如果一个出版物以线屏175做印刷，则意味着出版物中的图像分辨率应该是350dpi，换言之，在扫描或制作图像时应该将分辨率定为350dpi或者更高一些。

下面列举了常见的一些印刷品图像应该使用的分辨率。

- 报纸印刷所用线屏为85lpi，因此报纸用的图像分辨率范围就应该是125dpi~170dpi。
- 杂志／宣传品通常以133lpi或150lpi线屏进行印刷，因此杂志／宣传品分辨率为300dpi。
- 大多数印刷精美的书籍印刷时用175lpi到200lpi线屏印刷，因此高品质书籍分辨率范围为350dpi~400dpi。
- 对于远看的大幅面图像（如海报），由于观看的距离非常远，因此可以采用较低的分辨率，例如72dpi~100dpi。

▶ 1.4.2 经验之谈——常用数码照片的洗印尺寸

目前数码相机进入越来越多的家庭，许多数码摄影爱好者在拍摄照片后，都要使用Photoshop对照片进行调整，但对于多大的数码照片能够洗印成为多大尺寸的照片却了解甚少。下面的表格中列出了要洗印成为常规尺寸的照片需要的数码照片大小。

这样就能够通过在Photoshop中执行"图像大小"命令查看并修改照片图像文件大小，以使该数码照片图像文件能够洗印出满意的照片尺寸规格。

照片规格	英 寸	厘 米	像 素	数码相机像素量
1寸		2.5×3.5	413×295	
身份证（大头照）		3.3×2.2	390×260	
2寸		3.5×5.3	626×413	
小2寸（护照）		4.8×3.3	567×390	
5寸	5×3.5	12.7×8.9	1200×840	100万像素
6寸	6×4	15.2×10.2	1440×960	130万像素
7寸	7×5	17.8×12.7	1680×1200	200万像素
8寸	8×6	20.3×15.2	1920×1440	300万像素
10寸	10×8	25.4×20.3	2400×1920	400万像素
12寸	12×10	30.5×20.3	2500×2000	500万像素
15寸	15×10	38.1×25.4	3000×2000	600万像素

▶ 1.4.3　经验之谈——常用平面设计尺寸

下表所列是一些平面设计中常见的设计尺寸。

类　型	尺　寸	类　型	尺　寸
名片（横）	90mm×55mm（方角） 85mm×54mm（圆角）	文件封套	220mm×305mm
名片（方）	90mm×90mm　90mm×95mm	手提袋	400mm×285mm×80mm
IC卡	85mm×54mm	信封	小号：220mm×110mm 中号：230mm×158mm 大号：320mm×228mm D1：220mm×110mm C6：114mm×162mm
三折页广告 （A4）	210mm×285mm	CD/DVD	外圆直径≤118mm 内圆直径≥22mm
易拉宝	W80cm×H200cm W100cm×H200cm W120cm×H200cm		

1.5　改变图像画布尺寸

画布尺寸与图像的视觉质量没有太大的关系，但会影响图像的打印效果及应用效果。

执行"图像"｜"画布大小"命令，弹出如图1-19所示的对话框。

"画布大小"对话框中各参数释义如下。

- 当前大小：显示图像当前的大小、宽度及高度。
- 新建大小：在此数值框中可以键入图像文件的新尺寸数值。刚打开"画布大小"对话框时，此选项区数值与"当前大小"选项区数值一样。
- 相对：选中此复选框，在"宽度"及"高度"数值框中显示了图像新尺寸与原尺寸的差值，此时在"宽度"、"高度"数值框中如果键入正值则放大图像画布，键入负值则裁剪图像画布。
- 定位：单击"定位"框中的箭头，用以设置新画布尺寸相对于原尺寸的位置，其中空白框格中的黑色圆点为缩放的中心点。
- 画布扩展颜色：单击▼按钮，弹出如图1-20所示的菜单，在此可以选择扩展画布后新画布的颜色，也可以单击其右侧的色块，在弹出的"拾色器（画布扩展颜色）"对话框中选择一种颜色，为扩展后的画布设置扩展区域的颜色。

图1-19　"画布大小"对话框

图1-20　下拉列表

实例：为照片增加一个简约画框

源 文 件：	源文件\第1章\1.5.psd
视频文件：	视频\1.5.avi

本例中，将以为照片制作画框为例，介绍改变画布尺寸的方法。

01 打开随书所附光盘中的文件"源文件\第1章\1.5-素材.jpg"。

02 执行"图像"|"图像大小"命令，在弹出的对话框中设置参数，如图1-21所示，以扩大画布，从而为照片增加一个较细的白边，如图1-22所示。

03 按照上一步的方法，再执行"图像"|"图像大小"命令，在弹出的对话框中设置参数，如图1-23所示。

图1-21 "画布大小"对话框   图1-22 扩大效果   图1-23 设置参数

04 单击"确定"按钮退出对话框，以扩大画布，从而为照片增加一个更大的黑边，完成整个简约画框的制作，如图1-24所示。也可以根据喜好来调整白边与黑边的大小。

按照上述实例的方法，还可以制作出如图1-25所示的"黑－白－黑"的照片边框效果。

图1-24 最终效果   图1-25 制作效果

1.6 裁剪工具

对画布的操作，可以在原图像大小的基础上，在图片四周增加空白部分，以便于在图像外添加其他内容。如果画布比图像小，就会裁去图像超出画布的部分。

在Photoshop CS6中，"裁剪工具" 有了很大的变化，除了可以根据需要裁掉不需要的像素外，还可以使用多种网络线进行辅助裁剪、在裁剪过程中进行拉直处理以及决定是否删除被裁剪掉的像素等，其工具选项栏如图1-26所示。下面介绍其中各选项的使用方法。

图1-26 工具选项栏

- 裁剪比例：在此下拉菜单中，可以选择"裁剪工具" ◘ 在裁剪时的比例，以及管理裁剪预设等功能。
- 设置自定长宽比：在此处的数值输入框中，可以输入裁剪后的宽度及高度像素数值，以精确控制图像的裁剪。
- "纵向与横向旋转裁剪框"按钮 ◘ ：单击此按钮，与在"裁剪比例"下拉菜单中选择"旋转裁剪框"选项的功能是相同的，即将当前的裁剪框逆时针旋转90°，或恢复为原始状态。
- "拉直"按钮 ◘ ：单击此按钮后，可以在裁剪框内进行拉直校正处理，特别适合裁剪并校正倾斜的画面。
- 视图：在此下拉列表中，可以选择裁剪图像时的显示设置，该列表共分为3栏，如图1-27所示。
- "裁剪选项"按钮 ◘ ：单击此按钮，将弹出如图1-28所示的下拉列表。在其中可以设置一些裁剪图像时的选项；选中"使用经典模式"复选框，则使用Photoshop CS5及更旧版中的裁剪预览方式，在选中此复选框后，下面的两个选项将变为不可用状态；若选中"自动居中预览"复选框，则在裁剪的过程中，裁剪后的图像会自动置于画面的中央位置，以便于观看裁剪后的效果；若选中"显示裁剪区域"复选框，则在裁剪过程中，会显示被裁剪掉的区域，反之，若取消选中该复选框，则隐藏被裁剪掉的图像；选中"启用裁剪屏蔽"复选框时，可以在裁剪过程中对裁剪掉的图像进行一定的屏蔽显示，在其下面的区域中可以设置屏蔽时的选项。

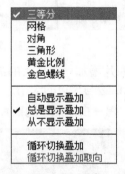

图1-27 下拉列表

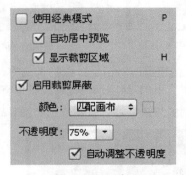

图1-28 设置选项

- 删除裁剪像素：选中此复选框时，在确认裁剪后，会将裁剪框以外的像素删除，反之，若是未选中此复选框，则可以保留所有被裁剪掉的像素。当再次选择"裁剪工具"时，只需要单击裁剪控制框上任意一个控制句柄，或执行任意的编辑裁剪框操作，即可显示被裁剪掉的像素，以便于重新编辑。

🔁 实例：使用"裁剪工具"突出图像重点

源 文 件：	源文件\第1章\1.6-1.psd
视频文件：	视频\1.6-1.avi

通过"裁剪工具" ◘ 对图像画布进行裁剪，可以得到重点突出的图像，其操作步骤如下所述。

01 打开随书所附光盘中的文件"源文件\第1章\1.6-1-素材.jpg"，将看到整个图片，如图1-29所示。

02 在工具箱中选择"裁剪工具" ◘ ，在图片中调整裁剪区域，如图1-30所示。

03 按Enter键确认，裁剪后的图片如图1-31所示。

04 如果在得到裁剪框后需要取消裁剪操作，则可以按Esc键。

按照上述步骤中的方法，还可以将照片裁剪为以让人物面部充满画面的照片效果，如图1-32所示。

图1-29 打开素材

图1-30 裁剪区域

图1-31 裁剪效果

图1-32 制作效果

实例：使用"裁剪工具"校正倾斜的照片

源 文 件：	源文件\第1章\1.6-2.psd
视频文件：	视频\1.6-2.avi

通过使用"裁剪工具" 选项栏中的"拉直"选项，可以对倾斜的画面进行校正处理，其操作步骤如下所述。

01 打开随书所附光盘中的文件"源文件\第1章\1.6-2-素材.jpg"，选择"裁剪工具" ，将光标置于裁剪框内，然后沿着要校正的图像拉出一条直线，如图1-33所示。

02 释放鼠标后，即可自动进行图像旋转，以校正画面中的倾斜，如图1-34所示。

03 图1-35所示是按Enter键确认变换后的效果。

图1-33 拉出直线

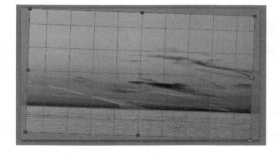
图1-34 校正倾斜

图1-35 最终效果

1.7 透视裁剪工具

在Photoshop CS6以往版本"裁剪工具" 上的"透视"选项被独立出来，形成一个新的

创意大学
Photoshop CS6标准教材

"透视裁剪工具" ，并提供了更为便捷的操控方式及相关选项设置，其工具选项栏如图1-36所示。

| ▣ ▾ | W: | ⇄ | H: | 分辨率: | | 像素/英寸 ÷ | 前面的图像 | 清除 | ☑ 显示网格 | ⊘ ✓ |

图1-36　工具选项栏

实例：校正照片的透视

源　文　件：	源文件\第1章\1.7.psd
视频文件：	视频\1.7.avi

下面通过一个简单的实例，介绍此工具的使用方法。

01 打开随书所附光盘中的文件"源文件\第1章\1.7-素材.jpg"，如图1-37所示。在本例中，将针对其中变形的图像进行校正处理。

02 选择"透视裁剪工具" ▣，从画布左上角至右下角拖动绘制一个透视裁剪框，然后将光标置于左上角的控制句柄上，按住Shift键向右拖动，如图1-38所示。

03 按照上一步的方法，向左侧拖动右上角的控制句柄，如图1-39所示。

04 确认裁剪完毕后，按Enter键确认变换，得到如图1-40所示的最终效果。

图1-37　打开素材　　　图1-38　拖动裁剪框　　　图1-39　调整位置　　　图1-40　最终效果

1.8　拓展练习——按照打印尺寸裁剪照片

源　文　件：	源文件\第1章\1.8.psd
视频文件：	视频\1.8.avi

当需要进行打印输出时，需要根据照片的输出尺寸进行裁剪，同时还应该对分辨率进行适当的设置。在使用"裁剪工具"时，可以将这一系列工作都完成。

01 打开随书所附光盘中的文件"源文件\第1章\1.8-素材.jpg"，将看到整个图片，如图1-41所示。

02 在工具箱中选择"裁剪工具" 🗗，在工具选项栏中单击 🗗 右侧的三角按钮 ▌，在弹出的预设选择框中选择一个合适的尺寸，如图1-42所示，或在右侧的宽度及高度输入框中输入照片的尺寸。

🔍 提　示

　　对于"分辨率"数值，默认情况下是300像素/英寸，但在照片尺寸不够时，也可以适当缩小，只不过分辨率越低，洗印出来的照片效果就会越差。

图1-41　素材图像

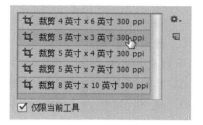

图1-42　选择工具预设

03 本例是要对横幅照片进行裁剪，因此在当前预设的基础上，需要交换一下宽度和高度的尺寸，可以单击"纵向与横向旋转裁剪框"按钮 ，此时的画面状态如图1-43所示。

04 按Enter键确认，确定裁剪照片后的最终效果如图1-44所示。

图1-43　裁剪照片

图1-44　裁剪后的效果

1.9　本章小结

本章主要介绍了Photoshop CS6中最基础的知识，其中包括界面的控制、文件基本操作、纠错操作、改变图像与画布尺寸以及裁剪工具的使用方法。通过本章的学习，读者应熟悉Photoshop中的基本操作，并能够改变图像或画布的尺寸，以及使用"裁剪工具"改变图像的构图等。

1.10　课后习题

1. 单选题

（1）（　　　）才能以100%的比例显示图像。

　　A．在图像上按住Alt键的同时单击鼠标　　C．双击"抓手工具"

　　B．执行"视图"|"满画布显示"命令　　D．双击"缩放工具"

（2）若要校正照片中的透视问题，可以使用（　　　）。

　　A．裁剪工具　　　　　　　　　　　　C．透视裁剪工具

　　B．拉直工具　　　　　　　　　　　　D．缩放工具

（3）要连续撤销多步操作，可以按（　　　）组合键。

　　A．Ctrl+Alt+Z　　　　　　　　　　　C．Ctrl+Z

　　B．Ctrl+Shift+Z　　　　　　　　　　D．Shift+Z

2. 多选题

（1）在Photoshop中，下列（　　）不是表示分辨率的单位。

  A．像素／英寸   B．像素／派卡

  C．像素／厘米   D．像素／毫米

（2）下列关于Photoshop打开文件的操作，（　　）是正确的。

  A．执行"文件"｜"打开"命令，在弹出的对话框中选择要打开的文件

  B．执行"文件"｜"最近打开文件"命令，在子菜单中选择相应的文件名

  C．如果图像是由Photoshop软件创建的，直接双击图像图标

  D．将图像图标拖放到Photoshop软件图标上

（3）执行"文件"｜"新建"命令，在弹出的"新建"对话框中可设定下列（　　）选项。

  A．图像的高度和宽度   B．图像的分辨率

  C．图像的色彩模式   D．图像的标尺单位

3. 填空题

（1）Photoshop中的＿＿＿＿＿和＿＿＿＿＿均可通过伸缩栏进行放大或缩小显示控制。

（2）按＿＿＿＿＿键可以创建一个新的图像文件。

（3）使用"裁剪工具"选项栏上的＿＿＿＿＿工具，可以校正照片的倾斜。

4. 判断题

（1）Photoshop中按Shift+Tab组合键可以将工具箱和调板全部隐藏显示。（　　）

（2）Photoshop中的"图像尺寸"命令可以将图像不成比例地缩放。（　　）

（3）若是第一次保存图像，将会弹出"存储为"对话框。（　　）

（4）使用"画布尺寸"和"裁剪工具"，均可改变画布尺寸。（　　）

5. 上机操作题

（1）以185mm×260mm尺寸为例，创建一个带有出血的封面文件。

（2）打开随书所附光盘中的文件"源文件\第1章\1.10上机操作题02-素材.jpg"，如图1-45所示，使用"裁剪工具"校正照片中的倾斜问题，得到如图1-46所示的效果。

    图1-45　打开素材   图1-46　校正倾斜

第2章
创建与编辑选区

选区用于选择图像的功能，在处理图像前，尤其是要对局部进行精细处理时，首先就要正确使用选区将其选中，才能处理得到正确的结果。本章介绍在Photoshop中创建、编辑与应用选区的相关知识。

学习要点

- 了解选区的重要性
- 掌握创建规则与自由选区的工具及命令
- 掌握选区的基本操作
- 熟悉选区的运算模式及快捷键

2.1　选区的重要性

　　简单地说，选区就是一个限定操作范围的区域，图像中有了选区，一切操作就会被限定在选区中。

　　本章的学习重点是了解选区在Photoshop中的作用，掌握选区的绘制方法，熟悉编辑选区及变换选区的相关命令。

　　Photoshop中有丰富的创建选区的工具，如"矩形选框工具"▣、"椭圆选框工具"◯、"套索工具"◯、"魔棒工具"等，可以根据需要使用这些工具创建不同的选区。

　　选择区域表现为封闭的浮动蚂蚁线围成的区域，如图2-1所示。

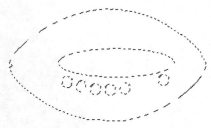

图2-1　蚂蚁线围成的选择区域

2.2　创建规则选区

▶ 2.2.1　制作矩形选区

　　利用"矩形选框工具"▣可以制作规则的矩形选区。要制作矩形选区，应在工具箱中单击"矩形选框工具"▣，然后在图像文件中需要制作选区的位置，按住鼠标左键向另一个方向进行拖动。

　　下面介绍"矩形选框工具"选项栏上的参数。

　　● 选区模式："矩形选框工具"▣在使用时有四种工作模式，表现在图2-2所示的工具选项栏中为四个按钮。要设置选区模式，可以在工具选项栏中通过单击相应的按钮进行选择。

图2-2　工具选项栏

　　选区模式为更灵活地制作选区提供了可能性，用户可以在已存在的选区基础上执行添加、减去、交叉选区等操作，从而得到不同的选区。这四个按钮的作用将在本书相关章节中详细介绍。

> 🔍 提　示
>
> 　　选择任意一种选择类工具，在工具选项栏中都会显示四个选区模式按钮，因此此处介绍的四个不同按钮的功能具有普遍适用性。

　　● 羽化：在此数值框中键入数值可以柔化选区。这样在对选区中的图像进行操作时，可以使操作后的图像更好地与选区外的图像相融合。

- 样式：在该下拉列表中选择不同的选项，可以设置"矩形选框工具"▣的工作属性。分别选择"样式"下拉列表中的"正常"、"固定比例"和"固定大小"三个选项，可以得到三种创建矩形选区的方式。
- 正常：选择此选项，可以自由创建任何宽高比例、任何大小的矩形选区。
- 固定比例：选择此选项，其后的"宽度"和"高度"数值框将被激活，在其中键入数值以设置选区高度与宽度的比例，可以得到精确的不同宽高比的选区。例如，在"宽度"数值框中键入1，在"高度"数值框中键入3，可以创建宽高比例为1∶3的矩形选区。
- 固定大小：选择此选项，"宽度"和"高度"数值框将被激活，在此数值框中键入数值，可以确定新选区高度与宽度的精确数值，然后只需在图像中单击，即可创建大小确定、尺寸精确的选区。例如，如果需要为网页创建一个固定大小的按钮，可以在"矩形选框工具"▣被选中的情况下，设置其工具选项栏参数，如图2-3所示。

图2-3 设置选项栏

- 调整边缘：在当前已经存在选区的情况下，此按钮将被激活，单击即可弹出"调整边缘"对话框，以调整选区的状态。关于此命令的介绍，请参见5.9节。

▶ 2.2.2 制作椭圆选区

在工具箱中按住"矩形选框工具"▣工具图标片刻，在弹出的工具图标列表中选择"椭圆选框工具"◯，使用此工具可以制作正圆形或者椭圆形的选区。该工具与"矩形选框工具"▣的使用方法大致相同，此处不再赘述。选择"椭圆选框工具"◯，其工具选项栏如图2-4所示。

图2-4 选项栏

"椭圆选框工具"◯选项栏中的参数基本和"矩形选框工具"▣的相似，只是"消除锯齿"复选框被激活。选中该复选框，可以使椭圆形选区的边缘变得比较平滑。

图2-5展示了使用此工具选择图像中圆形区域的操作过程。

(a) 原图像   (b) 拖动"椭圆选框工具"   (c) 得到的选区

图2-5 选择区域

实例：使用"椭圆选框工具"制作晕边图

源 文 件：	源文件\第2章\2.2.2.psd
视频文件：	视频\2.2.2.avi

本例将利用"椭圆选框工具"及其"羽化"参数，绘制3个虚化的圆环图像。

01 执行"文件"|"打开"命令（按Ctrl+O组合键或双击Photoshop的空白工作区），在弹出的"打开"对话框中打开随书所附光盘中的文件"源文件\第2章\2.2.2-素材1.tif"。

02 选择"椭圆选框工具"并在其工具选项栏上设置"羽化"数值为10像素，如图2-6所示。

图2-6 "椭圆选框工具"选项栏

03 使用"椭圆选框工具"按住鼠标左键，同时按住Shift键，在文件的左上角拖动绘制一个正圆形选区，如图2-7所示。

04 打开随书所附光盘中的文件"源文件\第2章\2.2.2-素材2.tif"，如图2-8所示。按Ctrl+A组合键或执行"选择"|"全选"命令，此时整个图像都被选中，按Ctrl+C组合键或执行"编辑"|"拷贝"命令复制该图像，按Ctrl+W组合键或执行"文件"|"关闭"命令关闭该素材图像。

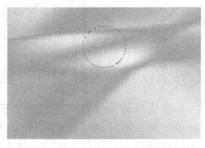

图2-7 绘制选区

05 返回本例第1步打开的背景素材图像中，按Ctrl+Shift+V组合键或执行"编辑"|"粘贴入"命令，从而将上一步复制的图像粘贴至当前带有羽化的正圆选区中。

06 使用"移动工具"按住鼠标左键拖动图像的位置，直至满意为止，如图2-9所示。

图2-8 素材图   图2-9 将图像贴入选区后的效果

07 再分别打开随书所附光盘中的文件"源文件\第2章\2.2.2-素材3.tif"和"源文件\第2章\2.2.2-素材4.tif"两幅素材图像,如图2-10所示。按照本例第3～6步的方法,及三环的位置绘制选区并将这3幅图像粘贴至选区中,直至得到如图2-11所示的最终效果。

图2-10 素材图像　　　　　　　　　　　　　图2-11 最终效果

2.3 创建自由选区

▶ 2.3.1 套索工具

利用"套索工具" 可以制作自由手画线式的选区。此工具的优点是灵活、随意,缺点是不够精确,但其应用范围还是比较广泛的。

使用"套索工具" 的步骤如下所述。

01 选择"套索工具" ,在其工具选项栏中设置适当的参数。

02 按住鼠标左键拖动鼠标指针,环绕需要选择的图像。

03 要闭合选区,释放鼠标左键即可。

如果鼠标指针未到达起始点便释放鼠标左键,则释放点与起始点自动连接,形成一条具有直边的选区,图像上方的黑色点为开始制作选区的点,图像下方的白色点为释放鼠标左键时的点,可以看出两点间自动连接成为一条直线。

与前面所述的选择类工具相似,"套索工具" 也具有可以设置的选项及参数,由于参数较为简单,此处不再赘述。

📤 实例:用"套索工具"给主体图像换背景

源 文 件:	源文件\第2章\2.3.1.psd
视频文件:	视频\2.3.1.avi

本例将介绍使用"套索工具"简单更换图像背景的方法。

01 打开随书所附光盘中的文件"源文件\第2章\2.3.1-素材1.tif",选择"套索工具" ,并设置其工具选项栏为 ,在图像中按照图2-12所示将飞机的轮廓拖曳至如图2-13所示的状态,松开鼠标后将自动转换为选区并根据在工具选项栏中设置的羽化值羽化,选区的状态如图2-14所示。

图2-12　素材图像

图2-13　拖曳光标

02 打开随书所附光盘中的文件"源文件\第2章\2.3.1-素材2.tif"，返回第1步打开的图像中，使用"移动工具"▶➕将选区内的图像拖曳至本步打开的素材文件中，得到"图层 1"。

03 按Ctrl+T组合键调出自由变换控制框，按住Shift键缩小图像，将其顺时针旋转15°并移至画布的右侧如图2-15所示的位置，按Enter键确认变换操作。

图2-14　转换为选区

图2-15　变换图像

　　在上面的第1步中，可以尝试在"套索工具"选项栏上设置更小或更大的"羽化"数值进行抠选，并对比抠选前后的效果。

▶ 2.3.2　多边形套索工具

　　"多边形套索工具"🔲用于制作具有直边的选区，如图2-16所示。如果需要选择图中的扇子，可以使用"多边形套索工具"🔲。

🔍 **提 示**

　　通常在使用此工具制作选区时，当终点与起始点重合即可得到封闭的选区；但如果需要在制作过程中封闭选区，则可以在任意位置双击鼠标左键，以形成封闭的选区。

图2-16　制作选区

　　可以尝试使用"多边形套索工具"按照前面抠选飞机实例的方法进行操作，尽量处理得到与使用"套索工具"处理相同的抠选结果。

▶ 2.3.3 磁性套索工具

"磁性套索工具" ⬛是一种比较智能的选择类工具，用于选择边缘清晰、对比度明显的图像。此工具可以根据图像的对比度自动跟踪图像的边缘，并沿图像的边缘生成选区。

选择"磁性套索工具" ⬛后，其工具选项栏如图2-17所示。

图2-17　工具选项栏

● 宽度：在该数值框中键入数值，可以设置"磁性套索工具" ⬛搜索图像边缘的范围。此工具以当前鼠标指针所处的点为中心，以在此键入的数值为宽度范围，并在此范围内寻找对比度强烈的图像边缘以生成定位锚点。

> 🔍 **提　示**
>
> 　　如果需要选择的图像的边缘不十分清晰，应该在此将其数值设置得小一些，这样得到的选区较精确，但拖动鼠标指针时需要沿被选图像的边缘进行，否则极易出现失误。当需要选择的图像具有较好的边缘对比度时，此数值的大小不十分重要。

● 对比度：该数值框中的百分比数值控制"磁性套索工具" ⬛选择图像时确定定位点所依据的图像边缘反差度。数值越大，图像边缘的反差就越大，得到的选区则越精确。
● 频率：该数值框中的数值对"磁性套索工具" ⬛在定义选区边界时插入定位点的数量起着决定性的作用。键入的数值越大，则插入的定位点越多；反之，则越少。

图2-18所示为分别设置"频率"数值为10和80时，Photoshop插入的定位点。

(a) 设置"频率"数值为10　　　　　(b) 设置"频率"数值为80

图2-18　插入的定位点

使用此工具的步骤如下所述。

01 在图像中单击鼠标左键，定义开始选择的位置，然后释放鼠标左键并围绕需要选择的图像的边缘拖动鼠标指针。

02 将鼠标指针沿需要跟踪的图像边缘进行拖动，与此同时选择线会自动贴紧图像中对比度最强烈的边缘。

03 操作时如果感觉图像某处边缘不太清晰则会导致得到的选区不精确，可以在该处单击一次以添加一个定位点，如果得到的定位点位置不准确，可以按Delete键删除前一个定位点，再重新移动鼠标指针以选择该区域。

04 双击鼠标左键，可以闭合选区。

创意大学
Photoshop CS6标准教材

2.3.4 魔棒工具

"魔棒工具" 可以依据图像颜色制作选区。使用此工具单击图像中的某一种颜色，即可将在此颜色容差值范围内的颜色选中。选择该工具后，其工具选项栏如图2-19所示。

图2-19 工具选项栏

- 容差：该数值框中的数值将定义"魔棒工具" 进行选择时的颜色区域，其数值范围在0～255之间，默认值为32。此数值越小，所选择的像素颜色和单击点的像素颜色越相近，得到的选区越小；反之，被选中的颜色区域越大，得到的选区也越大。图2-20所示分别是设置"容差"数值为32和82时选择湖面区域的图像效果。很明显，数值越小，得到的选区也越小。

(a) 设置"容差"数值为32   (b) 设置"容差"数值为82

图2-20 不同数值的选区

- 连续：选中该复选框，只能选择颜色相近的连续区域；反之，可以选择整幅图像中所有处于"容差"数值范围内的颜色。
- 对所有图层取样：选中该复选框，无论当前是在哪一个图层中进行操作，所使用的"魔棒工具" 将对所有可见颜色都有效。

还可以通过设置适当的"容差"参数，选中前面示例照片中的天空图像。

2.3.5 快速选择工具

"快速选择工具" 是Photoshop CS3版本中新增的一项功能，其最大的特点就是可以像使用"画笔工具" 绘图一样来创建选区。

要使用此工具，只需要先在图像某一处单击，然后按住左键向其他要选择的区域拖动，则这些工具所掠过之处都会被选中。

此工具的选项栏如图2-21所示。

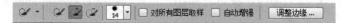

图2-21 "快速选择工具"选项栏

"快速选择工具" 选项栏中的参数解释如下所述。

- 选区运算模式：限于该工具创建选区的特殊性，所以它只设定了3种选区运算模式，即新建选区 、添加到选区 和从选区中减去 。

- 画笔：单击右侧的三角按钮·可调出（如图2-22所示）画笔参数设置框，在此设置参数，可以对涂抹时的画笔属性进行设置。在涂抹过程中，可以设置画笔的硬度，以便创建具有一定羽化边缘的选区。
- 对所有图层取样：选中此复选框后，将不再区分当前选择了哪个图层，而是将所有看到的图像视为在一个图层上，然后来创建选区。
- 自动增加：选中此复选框后，可以在绘制选区的过程中，自动增加选区的边缘。

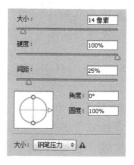

图2-22　设置画笔参数

实例：为照片增加动感效果

源 文 件：	源文件\第2章\2.3.5.psd
视频文件：	视频\2.3.5.avi

下面通过一个示例来介绍使用"快速选择工具"抠选图像的方法。

01 打开随书所附光盘中的文件"源文件\第2章\2.3.5-素材.tif"，如图2-23所示。在工具箱中选择"快速选择工具" ，在其工具选项栏中设置适当的"大小"数值，在图像中单击鼠标左键并进行拖动，得到的选区如图2-24所示。

图2-23　打开素材

图2-24　得到的选区

02 分别按住Shift键和Alt键增加和减少选区，并适当调整"大小"数值，将人物图像与摩托车图像完整地选择出来，得到的选区如图2-25所示。

03 按Ctrl+Shift+I组合键执行"反向"命令，对选区中的图像执行"滤镜"|"模糊"|"动感模糊"命令，在弹出的"动感模糊"对话框中设置适当的参数，最终效果如图2-26所示。

图2-25　调整大小

图2-26　最终效果

在上面的实例中，绘制选区之前，在"快速选择工具"选项栏上设置"羽化"数值为20像素，其他操作方法不变，然后对比羽化前后的效果。

▶ 2.3.6 "色彩范围"命令

相对于"魔棒工具" 🔍 而言，"选择"|"色彩范围"命令虽然与其操作原理相同，但功能更为强大，可操作性也更强。执行此命令可以从图像中一次得到一种颜色或几种颜色的选区。

执行"选择"|"色彩范围"命令，将弹出类似图2-27所示的对话框。

图2-27 "色彩范围"对话框

"色彩范围"对话框中的重要参数含义如下所述。

- 颜色吸管：选择"吸管工具" 🖋，单击图像中要选择的颜色区域，则该区域内所有相同的颜色将被选中。如果需要选择不同的几个颜色区域，可以在选择一种颜色后，选择"吸管加工具" 🖋 单击其他需要选择的颜色区域。如果需要在已有的选区中去除某部分选区，可以选择"吸管减工具" 🖋 单击其他需要去除的颜色区域。
- 本地化颜色簇：如果希望精确控制选择区域的大小，则选中"本地化颜色簇"复选框，此时"范围"滑块将被激活。
- 颜色容差：如果要在当前选择的基础上扩大选区可以将"颜色容差"滑块向右侧滑动，以扩大"颜色容差"数值。
- 反相：选中"反相"复选框可以将当前选区反选。
- 选择范围、图像：选中"选择范围"和"图像"单选按钮可指定预览窗口中的图像显示方式。
- 选区预览："选区预览"下拉列表表示指定图像窗口（不是预览窗口）中的图像选择预览方式。默认情况下，其设置为"无"，即不在图像窗口显示选择效果。若选择"灰度"、"黑色杂边"和"白色杂边"选项，则分别表示以灰色调、黑色或白色显示未选区域。若选择"快速蒙版"选项，则表示以预设的蒙版颜色显示未选区域。
- 检测人脸：这个是新增功能，用于创建选区时自动根据检测到的人脸进行选择。

➡️ 实例：使用"色彩范围"命令新功能快速选择皮肤

源 文 件：	源文件\第2章\2.3.6.psd
视频文件：	视频\2.3.6.avi

Photoshop CS6中，在"色彩范围"命令中新增了检测人脸功能，从而可以在使用此命令创建选区时，自动根据检测到的人脸进行选择，对人像摄影师或日常修饰人物的皮肤是非常有用。下面通过一个简单的实例来介绍此功能的使用方法。

> 🔍 提 示
>
> 要启用"人脸检测"功能，必须选中"本地化颜色簇"复选框。

01 打开随书所附光盘中的文件"源文件\第2章\2.3.6-素材.jpg"。在本例中，将选中人物的皮肤，并进行高亮处理，使其皮肤显得更白皙。

02 执行"选择"|"色彩范围"命令，在弹出的对话框中选中"本地化颜色簇"和"检测人脸"

复选框，并调整"颜色容差"及"范围"参数，此时Photoshop将自动识别照片中的人脸，并将其选中，如图2-28所示。

03 由于照片中选中了人物皮肤以外的图像，因此可以按住Alt键在不希望选中的人物以外的区域单击，以减去这些区域，如图2-29所示。

图2-28　选中复选框　　　　　　　　　图2-29　减去选区

> **提示**
>
> 由于减去选择区域，将影响对人物皮肤的选择，因此在操作时要注意平衡二者之间的关系。

04 确认选择完毕后，单击"确定"按钮退出对话框，得到如图2-30所示的选区。

图2-31所示是执行"曲线"命令，然后对选中的皮肤图像进行提亮处理，并按Ctrl+D组合键取消选区后的效果。

图2-30　退出对话框　　　　　　　　　图2-31　最终效果

可以尝试在不选中"检测人脸"复选框的情况下，选中照片中的人物皮肤。

2.4　选区的基本操作

▶ 2.4.1　取消选择区域

执行"选择"|"取消选择"命令，可以取消当前存在的选区。

> **提示**
>
> 在选区存在的情况下，按Ctrl+D组合键也可以取消选区。

▶ 2.4.2　反向选择

执行"选择"|"反向"命令，可以在图像中颠倒选区与非选区，使选区成为非选区，而非选

区则成为选区。

　　如果需要选择的对象本身非常复杂，但其背景较为单纯，则可以执行此命令。例如，要选择图中的人物图像，可以先设置一个较合适的"容差"数值，再使用"魔棒工具"选择其四周的蓝色，如图2-32左图所示，然后执行"选择"|"反向"命令，即可得到如图2-32右图所示的选区。

图2-32　选择选区

▶ 2.4.3　选择所有像素

　　执行"选择"|"全部"命令或者按Ctrl+A组合键执行全选操作，可以将图像中的所有像素（包括透明像素）选中，在此情况下图像四周显示浮动的黑白线。

▶ 2.4.4　羽化

　　执行"选择"|"修改"|"羽化"命令，可以将生硬边缘的选区处理得更加柔和，执行该命令后弹出的对话框如图2-33所示，设置的参数越大，选区的效果越柔和。

图2-33　"羽化选区"对话框

➡ 实例：为照片增加晕边效果

源 文 件：	源文件\第2章\2.4.4.psd
视频文件：	视频\2.4.4.avi

　　下面将通过制作晕边图像的实例来理解羽化值的作用，其操作步骤如下所述。

01 打开随书所附光盘中的文件"源文件\第2章\2.4.4-素材.psd"，如图2-34所示。在本例中将为该图像制作一个晕边艺术照片效果。

02 选择"多边形套索工具"，在图像中大致绘制一个如图2-35所示的选区，以将人物主体图像选中。

03 按Shift+F6组合键或执行"选择"|"修改"|"羽化"命令，打开"羽化选区"对话框，将参数设置为10左右，单击"确定"按钮退出对话框，得到如图2-36所示的选区。

图2-34　打开素材

图2-35　绘制选区

图2-36　得到的选区

04 由于需要在画布周围制作晕边效果，因此选区应该是选择相反的范围。按Ctrl+Shift+I组合键执行"反向"命令，此时选区的状态如图2-37所示。

05 设置前景色为白色，按Alt+Delete组合键填充选区，按Ctrl+D组合键取消选区，得到如图2-38所示的效果。

图2-37　反选选区

图2-38　填充效果

在上面的第2步绘制得到选区，执行"选择"|"修改"|"收缩"命令，在弹出的对话框中设置其数值为20像素，然后在第3步中将羽化数值设置成20像素，其他操作步骤不变，制作完成后，对比与原来效果之间的差异。

▶ 2.4.5　调整边缘

创建一个选区，执行"选择"|"调整边缘"命令，或在各个选区绘制工具的工具选项栏上单击"调整边缘"按钮，即可调出其对话框，如图2-39所示。

下面分别介绍"调整边缘"对话框中各个参数的含义。

1.视图模式

此区域中的各参数如下所述。

● 视图列表：在此下拉列表中，Photoshop依据当前处理的图像，生成了实时的预览效果，以满足不同的观看需求。根据此列表底部的提示，按F键可以在各个视频之间进行切换，按X键则只显示原图。

● 显示半径：选中此复选框后，将根据下面设置的"半径"数值，仅显示半径范围以内的图像，如图2-40所示。

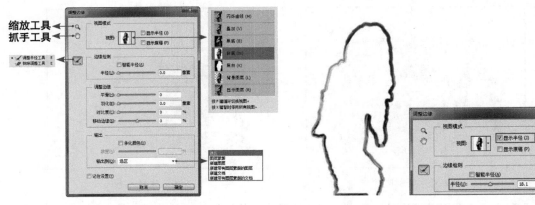

图2-39 "调整边缘"对话框   图2-40 显示图像

- 显示原稿：选中此复选框后，将依据原选区的状态及所设置的视图模式进行显示。

2. 边缘检测

此区域中的各参数如下所述。

- 半径：此处可以设置检测边缘时的范围。
- 智能半径：选中此复选框后，将依据当前图像的边缘自动进行取舍，以获得更精确的选择结果。

以图2-41所示的参数进行设置后，效果如图2-42所示。

图2-41 设置参数

图2-42 最终效果

3. 调整边缘

此区域中的各参数如下所述。

- 平滑：当创建的选区边缘非常生硬，甚至有明显的锯齿时，可使用此选项来进行柔化处理，如图2-43所示。
- 羽化：此参数与"羽化"命令的功能基本相同，都是用来柔化选区边缘的。
- 对比度：设置此参数可以调整边缘的虚化程度，数值越大则边缘越锐化。通常可以帮助用户创建比较精确的选区，如图2-44所示。
- 移动边缘：该参数与"收缩"和"扩展"命令的功能基本相同，向左侧拖动滑块可以收缩选区，而向右侧拖动则可以扩展选区。

图2-43　柔化效果　　　　　　　　　　　　图2-44　调整虚化程度

4. 输出

此区域中各参数如下所述。

- 净化颜色：选中此复选框后，下面的"数量"滑块被激活，拖动调整其数值，可以去除选择后的图像边缘的杂色。
- 输出到：在此下拉列表中，可以选择输出的结果。

5. 工具

此区域中各参数如下所述。

- "缩放工具" 🔍：使用此工具可以缩放图像的显示比例。
- "抓手工具" ✋：使用此工具可以查看不同的图像区域。
- "调整半径工具" 🖌：使用此工具可以编辑检测边缘时的半径，以放大或缩小选择的范围。
- "抹除调整工具" 🖌：使用此工具可以擦除部分多余的选择结果。当然，在擦除过程中，Photoshop仍然会自动对擦除后的图像进行智能优化，以得到更好的选择结果。

图2-45所示就是结合"调整半径工具"和"抹除调整工具"调整头发边缘后的效果。

可以打开随书所附光盘中的文件"源文件\第2章\2.4.5-素材.jpg"，如图2-46所示，执行"调整边缘"命令将其中的人物完整抠选出来，如图2-47所示。

图2-45　调整效果　　　　　　　图2-46　打开素材　　　　　　图2-47　最终效果

2.5 选区模式及快捷键

选区模式是指在制作选区时的加、减、交操作，根据当前已经存在的选区，选择不同的选区模式，即能得到不同的新选区。

▶ 2.5.1 绘制新选区

单击"新选区"按钮▣，在当前图像中进行操作，可以制作新选区。如果在同一个图像中已有多个选区的情况下再制作新选区时，所有已存在的选区将被取消。

▶ 2.5.2 添加到选区

单击"添加到选区"按钮▣，或在绘制选区时按住Shift键，可以制作多个选区。换言之，在此按钮被按下的情况下，可以在原有选区的基础上添加当前所制作的新选区，以得到两个选区的合集，如图2-48所示；如果当前文件中没有选区，则此按钮的作用与"新选区"按钮▣的作用相同。

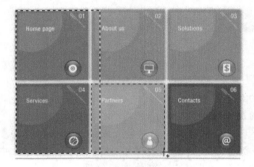 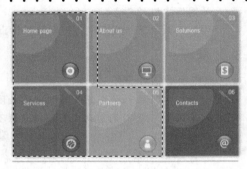

（a）按箭头所示制作第二个选区 　　　　　（b）最终得到的选区

图2-48　添加选区

▶ 2.5.3 从选区减去

单击"从选区减去"按钮▣，或在绘制选区时按住Alt键，可以从已存在的选区中减去当前制作的选区与原选区重合的部分，如图2-49所示。

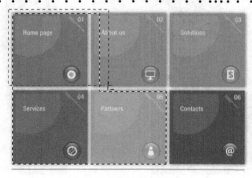 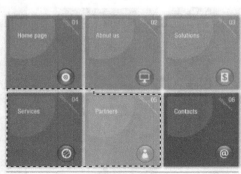

（a）按箭头所示制作第二个选区 　　　　　（b）最终得到的选区

图2-49　减去选区

▶ 2.5.4 与选区交叉

单击"与选区交叉"按钮▣，或在绘制选区时按Alt+Shift组合键，可以得到新选区与已有选区的交叉（重合）部分，如图2-50所示。

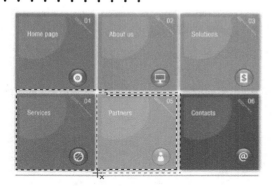
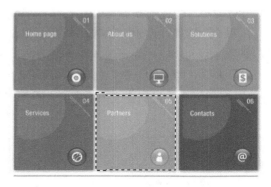

(a) 按箭头所示制作第二个选区   (b) 最终得到的选区

图2-50 交叉选区

2.6 拓展练习——快速抠选人物

源 文 件：	源文件\第2章\2.6.psd
视频文件：	视频\2.6.avi

01 打开随书所附光盘中的文件"源文件\第2章\2.6-素材.jpg"，将看到整个图片，如图2-51所示。

🔍 **提 示**

本实例主要就是把图像中的人物选择出来。在选择过程中，是先将人物以外的区域选择出来，然后将选区反向，即可选中人物图像。

02 在工具箱中选择"快速选择工具"📝，并在工具选项栏上设置画笔大小为"尖角12像素"。然后在人物以外的区域按住鼠标并拖动，在拖动过程中就能够得到如图2-52所示的选区。

03 按照上一步的方法，按住Shift键或在其工具选项栏上单击"添加到选区"按钮📝，继续在其他区域进行涂抹，得到如图2-53所示的选区。

图2-51 素材图像   图2-52 拖动创建选区   图2-53 选中外部图像

04 继续使用"快速选择工具" ，按住Alt键或在其工具选项栏上单击"从选区减去"按钮 ，在帽子区域进行涂抹，以减去该部分选区，直至得到如图2-54所示的效果。

05 至此，将人物以外的区域完全选择出来，此时可以按Ctrl+Shift+I组合键或执行"选择"|"反向"命令，将人物选中，如图2-55所示。

06 按Ctrl+J组合键复制选区中的内容，得到"图层1"。图2-56所示为单独显示"图层1"时的图像状态。

图2-54　精确编辑选区　　　　　图2-55　反向后的选区状态　　　　　图2-56　抠出的人物图像

2.7　本章小结

　　本章主要介绍了Photoshop中使用工具、命令等创建与编辑选区的方法。通过本章的学习，应掌握常用的选区创建工具与命令，并配合各种选区编辑功能，实现简单的图像抠选处理操作。

2.8　课后习题

1. 单选题

（1）下列（　　）选区创建工具可以"用于所有图层"。

　　A. 魔棒工具　　　　　　　　　　　B. 矩形选框工具

　　C. 椭圆选框工具　　　　　　　　　D. 套索工具

(2) "快速选择工具"在创建选区时，其涂抹方式类似于（　　）。

    A．魔棒工具　　　　　　　　　B．画笔工具

    C．渐变工具　　　　　　　　　D．矩形选框工具

2. 多选题

(1) Adobe Photoshop中，下列（　　）途径可以创建选区。

    A．利用"磁性套索工具"　　　　B．利用Alpha通道

    C．魔术棒工具　　　　　　　　D．利用"选择"菜单中的"色彩范围"命令

(2) 下面是使用"椭圆选框工具"创建选区时常用到的功能，（　　）是正确的。

    A．按住Alt键的同时拖拉鼠标可得到正圆形的选区

    B．按住Shift键的同时拖拉鼠标可得到正圆形的选区

    C．按住Alt键可形成以鼠标的落点为中心的椭圆形选区

    D．按住Shift键使选择区域以鼠标的落点为中心向四周扩散

(3) 下列（　　）工具可以方便地选择连续的、颜色相似的区域。

    A．矩形选框工具　　　　　　　B．快速选择工具

    C．魔棒工具　　　　　　　　　D．磁性套索工具

(4) 下列（　　）操作可以实现选区的羽化。

    A．如果使用"矩形选框工具"，可以先在其工具选项栏中设定"羽化"数值，然后再在图像中拖拉创建选区

    B．如果使用"魔棒工具"，可以先在其工具选项栏中设定"羽化"数值，然后在图像中单击创建选区

    C．创建选区后，在"矩形"或"椭圆选框工具"的选项栏上设置

    D．对于已经创建好选区，可通过执行"选择"|"修改"|"羽化"命令来实现羽化

3. 填空题

(1) 要绘制正方形选区，可以按_____键。

(2) 在使用"套索工具"时，应按住_____并拖动即可绘制选区。

(3) _____命令可以依据图像的色彩来创建选区。

4. 判断题

(1) 在使用"套索工具"时，在任意处释放鼠标左键，即可将选区闭合。（　　）

(2) 在执行"全选"命令后，只能按Ctrl+D组合键取消选区。（　　）

(3) 在工具选项栏中设置了羽化并绘制得到的选区，就不能再执行"选择"|"修改"|"羽化"命令对其进行二次羽化处理了。（　　）

(4) 使用"矩形选框工具"可以精确创建50像素×50像素的选区。（　　）

5. 上机操作题

(1) 打开随书所附光盘中的文件"源文件\第2章\2.8上机操作题01-素材.tif"，如图2-57所示。结合选区的运算模式，绘制得到圆环形选区，并设置前景色为紫色，按Alt+Delete组合键填充选区，取消选区后得到如图2-58所示的效果。

图2-57　打开素材

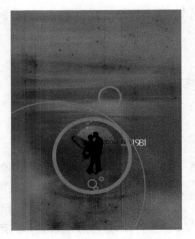

图2-58　最终效果

（2）打开随书所附光盘中的文件"源文件\第2章\2.8上机操作题02-素材.tif"，如图2-59所示，执行"色彩范围"命令将其中的火焰图像抠选出来，如图2-60所示。

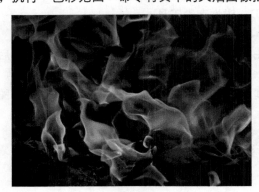

图2-59　打开素材

图2-60　抠选效果

第3章
图层与图层组

图层是Photoshop中最为重要的功能之一，它实现了一个图像文件中，各部分内容分别进行编辑处理的功能，从而让读者能够清晰、自由地对各部分图像进行编辑处理。本章介绍一些图层的基本操作，从而为后面学习其他功能打下一个坚实的基础。

学习要点

- 了解图层的基本概念
- 了解"图层"面板
- 掌握创建新图层的方法
- 掌握选择图层的方法
- 掌握编辑图层的方法
- 熟悉图层组的相关操作
- 掌握载入非透明区域选区的方法
- 熟悉排列与分布图层的方法
- 掌握智能对象的使用

3.1 了解图层的基本概念

此处以图3-1所示的图像为例,通过图层关系的示意来认识图层的这些特性。从中可以看出,分层图像的最终效果是由多个图层叠加在一起产生的。由于透明图层除图像外的区域(在图中以灰白格显示)都是透明的,因此在叠加时可以透过其透明区域观察到该图层下方图层中的图像,由于背景图层不透明,因此观察者的视线在穿透所有透明图层后,停留在背景图层上,并最终产生所有图层叠加在一起的视觉效果。图3-2表示出图层的透明与合成特性。

图3-1 素材

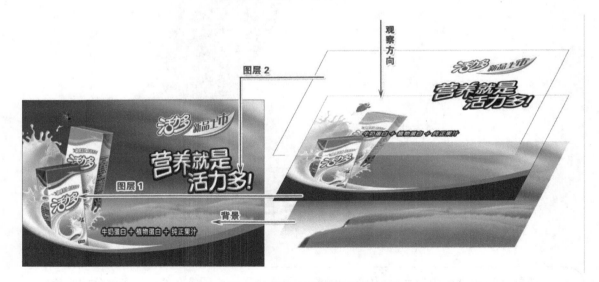

图3-2 图层的透明与合成特性

当然,这只是一个非常简单的实例,图层的功能远远不止于此,但通过这个实例可以理解图层最基本的特性,即分层管理特性、透明特性和合成特性。

3.2 了解"图层"面板

"图层"面板集成了Photoshop中绝大部分与图层相关的常用命令及操作。使用此面板,可以快速地对图像进行新建、复制及删除等操作。

按F7键或者执行"窗口"|"图层"命令即可显示"图层"面板,其功能分区如图3-3所示。

"图层"面板中的各参数释义如下。

- 类型：在其下拉列表中可以快速查找、选择及编辑不同属性的图层。
- 正常：在其下拉列表中可以设置当前图层的混合模式。
- 不透明度：在此数值框中键入数值,可以控制当前图层的透明属性。数值越小,则当前图层越透明。

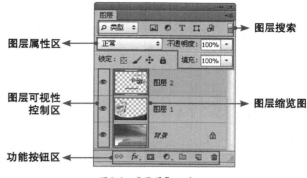

图3-3 "图层"面板

- 填充：在此数值框中键入数值,可以控制当前图层中非图层样式部分的不透明度。
- 锁定：在此可以分别控制图层的透明区域可编辑性、图像区域可编辑性以及移动图层等。
- ◉：单击此图标,可以控制当前图层的显示与隐藏状态。
- 图层缩览图：在"图层"面板中用来显示图像的图标。通过观察此图标,能够方便地选择图层。
- "链接图层"按钮 ∞：单击此按钮,可以将选中的图层链接起来,以便于统一执行变换、移动等操作。
- "添加图层样式"按钮 fx.：单击此按钮,可以在弹出的菜单中选择图层样式,然后为当前图层添加图层样式。
- "添加图层蒙版"按钮 ▣：单击此按钮,可以为当前图层添加图层蒙版。
- "创建新的填充或调整图层"按钮 ◉.：单击此按钮,可以在弹出的菜单中为当前图层创建新的填充图层或者调整图层。
- "创建新组"按钮 ▭：单击此按钮,可以新建图层组。
- "创建新图层"按钮 �：单击此按钮,可以新建图层。
- "删除图层"按钮 🗑：单击此按钮,在弹出的提示对话框中单击"是"按钮,即可删除当前所选图层。

3.3 创建新图层

常用的创建新图层的操作方法如下所述。

▶ 3.3.1 使用按钮创建图层

单击"图层"面板底部的"创建新图层"按钮 ▊,可直接创建一个Photoshop默认值的新图层,这也是创建新图层最常用的方法。

🔍 提 示

按此方法创建新图层时如果需要改变默认值,可以按住Alt键单击"创建新图层"按钮 ▊,然后在弹出的对话框中进行修改；按住Ctrl键的同时单击"创建新图层"按钮 ▊,则可在当前图层下方创建新图层。

▶ 3.3.2 使用快捷键新建图层

使用快捷键新建图层,可以执行以下任意一种操作。

- 按Ctrl+Shift+N组合键，则弹出"新建图层"对话框，从中设置适当的参数，单击"确定"按钮即可在当前图层上新建一个图层。
- 按Ctrl+Alt+Shift+N组合键即可在不弹出"新建图层"对话框的情况下，在当前图层上方新建一个图层。

3.4 选择图层

3.4.1 在"图层"面板中选择图层

要选择某图层或者图层组，可以在"图层"面板中单击该图层或者图层组的名称，效果如图3-4所示。

当某图层处于被选择的状态时，文件窗口的标题栏中将显示该图层的名称。另外，选择"移动工具" ⊕后在画布中单击鼠标右键，可以在弹出的快捷菜单中列出当前单击位置处的图像所在的图层，如图3-5所示。

图3-4　选择图层　　　　　　　　　　　图3-5　列出的图层

3.4.2 选择多个图层

在Photoshop CS2以上的版本中，可以同时选择多个图层，其方法如下所述。

（1）如果要选择连续的多个图层，在选择一个图层后，可按住Shift键在"图层"面板中单击另一图层的图层名称，则两个图层间的所有图层都会被选中。

（2）如果要选择不连续的多个图层，在选择一个图层后，可按住Ctrl键在"图层"面板中单击另一图层的图层名称。

通过同时选择多个图层，可以一次性对这些图层执行复制、删除、变换等操作。

3.5 编辑图层

3.5.1 显示/隐藏图层

在"图层"面板中单击图层左侧的👁图标，使其消失，即可隐藏该图层，如图3-6所示。再次单击此处可重新显示该图层，如图3-7所示。

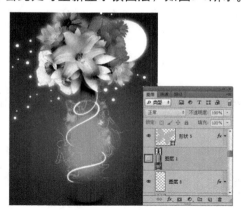

图3-6　隐藏图层

图3-7　显示图层

　　如果在图标列中按住鼠标左键向下拖动，可以显示或者隐藏拖动过程中所有掠过的图层。按住Alt键，单击图层左侧的👁图标，则只显示该图层而隐藏其他图层；再次按住Alt键单击该图层左侧的👁图标，即可恢复之前的图层显示状态。

🔍 提　示

　　在两次按住Alt键单击👁图标的操作之间，不可以有其他显示或者隐藏图层的操作，否则恢复之前的图层显示状态将无法完成。

　　另外，只有可见图层才可以被打印，所以要对当前图像文件进行打印时，必须保证要打印的图像所在图层处于显示状态。

▶ 3.5.2　复制图层

　　要复制图层，可按以下任意一种方法操作。

- 在图层被选中的情况下，执行"图层"|"复制图层"命令。
- 在"图层"面板弹出的菜单中执行"复制图层"命令。
- 将图层拖至面板下面的"创建新图层"按钮 上，待高光显示线出现时释放鼠标。

▶ 3.5.3　删除图层

　　删除无用的或者临时的图层有利于减小文件的容量，以便于文件的携带或者网络传输。在"图层"面板中可以根据需要删除任意图层，但在"图层"面板中最终至少要保留一个图层。

　　要删除图层，可以执行以下任意一种操作。

　　（1）执行"图层"|"删除"|"图层"命令或者单击"图层"面板底部的"删除图层"按钮 ，在弹出的提示对话框中单击"是"按钮即可删除所选图层。

　　（2）在"图层"面板中选择需要删除的图层，并将其拖动至"图层"面板底部的"删除图层"按钮 上。

　　（3）如果要删除处于隐藏状态的图层，可以执行"图层"|"删除"|"隐藏图层"命令，在弹出的提示对话框中单击"是"按钮。

（4）对于Photoshop CS2以上版本的软件来说，可以使用一种更为方便、快捷的删除图层的方法，即在选择"移动工具" 且当前图像中不存在选区或者路径的情况下，按Delete键删除当前选中的图层。

▶ 3.5.4　重命名图层

在Photoshop中新建图层，系统会默认为图层生成图层名称，新建的图层被命名为"图层1"、"图层 2"，以此类推。

改变图层的默认名称，可以执行以下操作之一。

（1）在"图层"面板中选择要重新命名的图层，执行"图层"|"重命名图层"命令，此时该名称变为可键入状态，键入新的图层名称后，单击图层缩览图或者按Enter键确认。

（2）双击图层缩览图右侧的图层名称，此时该名称变为可键入状态，键入新的图层名称后，单击图层缩览图或者按Enter键确认。

▶ 3.5.5　改变图层顺序

针对图层中的图像具有上层覆盖下层的特性，适当地调整图层顺序可以制作出更为丰富的图像效果。

调整图层顺序的操作方法非常简单。以图3-8所示的原图像为例，按住鼠标左键将图层拖动至如图3-9所示的目标位置，当目标位置显示出一条高光线时释放鼠标，效果如图3-10所示。图3-11所示是调整图层顺序后的"图层"面板。

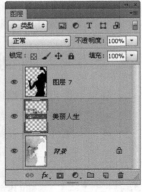

图3-8　原图像　　　　图3-9　拖动图层　　　　图3-10　拖动效果　　　　图3-11　调整后的"图层"面板

➡ 实例：制作素描照片效果

源 文 件：	源文件\第3章\3.5.psd
视频文件：	视频\3.5.avi

下面将利用图层的基本功能制作一幅素描照片效果。

01 打开随书所附光盘中的文件"源文件\第3章\3.5-素材.jpg"，如图3-12所示。

02 按Ctrl+Shift+U组合键执行"去色"命令，得到如图3-13所示的效果。

03 复制"背景"图层得到"背景 副本"，按Ctrl+I组合键执行"反相"操作，得到如图3-14所示的效果。

图3-12　素材图像

图3-13　去色后的效果

图3-14　反相后的效果

04 执行"滤镜"|"模糊"|"高斯模糊"命令，在弹出的对话框中设置"半径"数值为4，得到如图3-15所示的效果。

05 设置"背景 副本"的混合模式为"颜色减淡"，如图3-16所示，得到如图3-17所示的效果。

图3-15　模糊后的效果

图3-16　设置图层混合模式

图3-17　设置混合模式后的效果

06 按Ctrl+Shift+E组合键执行"合并可见图层"操作，此时"图层"面板中只有一个"背景"图层。

07 执行"滤镜"|"艺术效果"|"粗糙蜡笔"命令，设置弹出的对话框如图3-18所示，单击"确定"按钮退出对话框，得到如图3-19所示的效果。

图3-18　"粗糙蜡笔"对话框

图3-19　初步效果

完成上面的素描照片实例后，按Ctrl+J组合键复制得到"图层1"，并设置其混合模式为"正片叠底"，如图3-20所示，将得到如图3-21所示的效果。

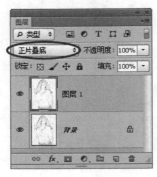

图3-20　设置混合模式　　　　图3-21　设置效果

3.5.6　过滤图层

在Photoshop CS6中，新增了根据不同图层类型、名称、混合模式及颜色等属性，对图层进行过滤及筛选的功能，又便于快速查找、选择及编辑不同属性的图层。

要执行图层过滤操作，可以单击"图层"面板左上角"类型"右侧的按钮，从弹出的菜单中选择图层过滤的条件，如图3-22所示。

当选择不同的过滤条件时，在其右侧会显示不同的选项，例如上图中，当选择"类型"选项时，其右侧分别显示了像素图层滤镜、调整图层滤镜、"文字"图层滤镜、形状图层滤镜及智能对象滤镜5个按钮，单击不同的按钮，即可在"图层"面板中仅显示所选类型的图层。

例如图3-23所示是单击"调整图层滤镜"按钮时，"图层"面板中显示的所有的调整图层。图3-24所示是单击"文字"图层滤镜按钮后的效果。由于当前文件中不存在"文字"图层，因此显示了"没有图层匹配此滤镜"的提示。

图3-22　选择不同的过滤条件　　图3-23　过滤调整图层时的状态　　图3-24　过滤"文字"图层时的状态

若要关闭图层过滤功能，则可以单击过滤条件最右侧的"打开或关闭图层滤镜"按钮，使其变为状态即可。

可以打开随书所附光盘中的文件"源文件\第3章\3.5.6-素材.psd"，如图3-25所示。通过图层的过滤功能，分别将"图层"面板按照图3-26和图3-27所示进行设置。

图3-25　素材文件

图3-26　设置面板

图3-27　设置结果

3.5.7　搜索图层

在Photoshop CS6中，新增了根据不同图层类型、名称、混合模式及颜色等属性，对图层进行过滤及筛选的功能，以便于快速查找、选择及编辑不同属性的图层。

要执行图层过滤操作，可以在"图层"面板左上角单击"类型"右侧的按钮，从弹出的菜单中选择图层过滤的条件，如图3-28所示。

当选择不同的过滤条件时，在其右侧会显示不同的选项。例如在上图中，当选择"类型"选项时，其右侧分别显示了"像素图层滤镜"按钮、"调整图层滤镜"按钮、"文字"图层滤镜"按钮、"形状图层滤镜"按钮及"智能对象滤镜"按钮5个按钮，单击不同的按钮，即可在"图层"面板中仅显示所选类型的图层。

例如图3-29所示是单击"调整图层滤镜"按钮时，"图层"面板中显示的所有的调整图层。图3-30所示是单击"'文字'图层滤镜"按钮后的效果，由于当前文件中不存在"文字"图层，因此显示了"没有图层匹配此滤镜"的提示。

图3-28　选择条件

图3-29　显示调整图层

图3-30　显示提示

若要关闭图层过滤功能，则可以单击过滤条件最右侧的"打开或关闭图层滤镜"按钮，使其变为状态即可。

3.6 图层组及嵌套图层组

▶ 3.6.1 新建图层组

要创建新的图层组，可以执行以下任意一种操作。

（1）执行"图层"|"新建"|"组"命令或者从"图层"面板弹出菜单中执行"新建组"命令，弹出"新建组"对话框。在对话框中设置新图层组的"名称"、"颜色"、"模式"及"不透明度"等参数，设置完成后单击"确定"按钮，即可创建新图层组。

（2）如果直接单击"图层"面板底部的"创建新组"按钮 📁，则可以创建默认设置的图层组。

（3）如果要将当前存在的图层合并至一个图层组，则可以将这些图层选中，然后按Ctrl+G组合键或者执行"图层"|"新建"|"从图层建立组"命令，在弹出的"新建组"对话框中单击"确定"按钮。

▶ 3.6.2 将图层移入、移出图层组

1. 将图层移入图层组

如果新建的图层组中没有图层，则可以通过鼠标拖动的方式将图层移入图层组中。将图层拖动至图层组的目标位置，待出现黑色线框时，释放鼠标左键即可，其操作过程如图3-31所示。

（a）选择图层 （b）将图层拖动到图层组中 （c）释放鼠标左键

图3-31 将图层移入图层组

2. 将图层移出图层组

将图层移出图层组，可以使该图层脱离图层组，操作时只需要在"图层"面板中选中图层，然后将其拖出图层组，当目标位置出现黑色线框时，释放鼠标左键即可，其操作过程如图3-32所示。

🔍 提 示

在由图层组向外拖动多个图层时，如果要保持图层间的相互顺序不变，则应该从最底层图层开始向上依次拖动，否则原图层顺序将无法保持。

（a）原面板　　　　　　（b）拖动图层　　　　　　（c）释放鼠标左键

图3-32　将图层移出图层组

可以打开随书所附光盘中的文件"源文件\第3章\3.6.2-素材.psd"，如图3-33所示。根据其中各图像所在的图层，将其分别置于不同的组中，直至得到如图3-34所示的"图层"面板。

图3-33　素材图像

图3-34　"图层"面板

3.7　合并图层

　　图像所包含的图层越多，所占用的计算机空间就越大。因此，当图像的处理基本完成时，可以将各个图层合并起来以节省系统资源。当然，对于需要随时修改的图像最好不要合并图层，或者保留副本文件再进行合并操作。

▶ 3.7.1　合并任意多个图层

　　按住Ctrl键单击想要合并的图层并将其全部选中，然后按Ctrl+E组合键或者执行"图层"|"合并图层"命令合并图层。

▶ 3.7.2　合并所有图层

　　合并所有图层是指合并"图层"面板中所有未隐藏的图层。要完成这项操作，可以执行"图

图3-35　提示对话框

层"|"拼合图像"命令，或者在"图层"面板弹出菜单中执行"拼合图像"命令。

如果"图层"面板中含有隐藏的图层，则执行此操作时，将会弹出如图3-35所示的提示对话框，如果单击"确定"按钮，则Photoshop会拼合图层，然后删除隐藏的图层。

▶ 3.7.3　向下合并图层

向下合并图层是指合并两个相邻的图层。要完成这项操作，可以先将位于上面的图层选中，然后执行"图层"|"向下合并"命令，或者在"图层"面板弹出的菜单中执行"向下合并"命令。

▶ 3.7.4　合并可见图层

合并可见图层是将所有未隐藏的图层合并在一起。要完成此操作，可以执行"图层"|"合并可见图层"命令，或在"图层"面板弹出的菜单中执行"合并可见图层"命令。

▶ 3.7.5　合并图层组

如果要合并图层组，则在"图层"面板中选择该图层组，然后按Ctrl+E组合键或者执行"图层"|"合并组"命令，合并时必须确保所有需要合并的图层可见，否则该图层将被删除。

执行合并操作后，得到的图层具有图层组的名称，并具有与其相同的不透明度与图层混合模式属性。

3.8　智能对象

从前面的介绍中已经了解到，图层是图像的载体，而每个图层都只能装载一幅图像。智能对象图层则不同，它可以像每个PSD格式图像文件一样装载多个图层的图像，从这一点来说，它与图层组的功能有些相似，即都用于装载图层。不同的是，智能对象图层是以一个特殊图层的形式来装载这些图层的。

▶ 3.8.1　理解智能对象

图3-36所示的"图层 1"就是一个智能对象图层。从外观上看，智能对象图层最明显的特殊之处就在于其图层缩览图右下角的标志。

在编辑智能对象图层的内容时，会将其中的内容显示在一个新的图像文件中，可以像编辑其他图像文件那样，在其中进行新建或者删除图层、调整图层的颜色、设置图层的混合模式、添加图层样式、添加图层蒙版等操作。图3-37所示就是在智能对象文件中反复编辑所得到的水墨画效果及对应的"图层"面板。从中可以看出，该面板中包含很多图层。

图3-36 "图层"面板

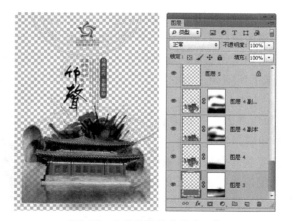

图3-37 反复编辑的素材和面板

除了位图图像外，智能对象包括的内容还可以是矢量图形。

3.8.2 创建智能对象的方法

可以通过以下方法创建智能对象。

- 执行"置入"命令为当前工作的Photoshop文件置入一个矢量文件或位图文件，甚至是另外一个有多个图层的Photoshop文件。
- 选择一个或多个图层后，在"图层"面板中执行"转换为智能对象"命令或执行"图层"|"智能对象"|"转换为智能对象"命令。
- 在Illustrator软件中复制矢量对象，然后在Photoshop中粘贴对象，从弹出的对话框中选择"智能对象"选项，单击"确定"按钮退出对话框即可。
- 执行"文件"|"打开为智能对象"命令将一个符合要求的文件直接打开成为一个智能对象。
- 从外部直接拖入到当前图像的窗口内，即可将其以智能对象的形式置入到当前图像中。

图3-38所示为原图像及对应的"图层"面板。选择除图层"背景"以外的所有图层，然后执行"图层"|"智能对象"|"转换为智能对象"命令，此时的"图层"面板如图3-39所示。

图3-38 原图像及面板

图3-39 新"图层"面板

3.8.3 复制智能对象

可以在Photoshop文件中对智能对象进行复制以创建一个新的智能对象。新的智能对象可以与原智能对象处于一种链接关系，也可以是一种非链接关系。

如果两者保持一种链接关系，则无论修改两个智能对象中的哪一个，都会影响到另外一个；反之，如果两者处于非链接关系，则之间没有相互影响的关系。

如果希望新的智能对象与原智能对象处于一种链接关系，则可以执行下面的操作。

01 打开随书所附光盘中的文件"源文件\第3章\3.8.3-素材.psd"，选择智能对象图层。

02 执行"图层"|"新建"|"通过拷贝的图层"命令，也可以直接将智能对象图层拖动至"图层"面板底部的"创建新图层"按钮 🔲 上。

图3-40所示就是按照上面介绍的方法，复制多个智能对象图层并对其中的图像进行缩放及适当排列后所得到的效果。

如果希望新的智能对象与原智能对象处于一种非链接关系，可以执行下面的操作。

01 选择智能对象图层。

02 执行"图层"|"智能对象"|"通过拷贝新建智能对象"命令。

图3-40 复制、缩放及排列后的效果

这种复制智能对象的好处就在于复制得到的智能对象虽然在内容上都是相同的，但它们却都相对独立，此时如果编辑其中一个智能对象的内容，其他以此种方式复制得到的智能对象不会发生变化。而使用前面一种方法复制得到的智能对象，在修改其中一个智能对象的内容后，则所有相关的智能对象都会发生相同的变化。

▶ 3.8.4 对智能对象进行操作

受到多方面的限制，用户能够对智能对象进行的操作是有限的，其操作如下所列。

- 对其进行缩放、旋转、变形等操作。
- 可以改变智能对象的混合模式、不透明度数值，还可以为其添加图层样式。
- 不可以直接对智能对象使用除"阴影/高光"、"HDR色调"以及"变化"外的其他颜色调整命令，但可以通过为其添加一个专用调整图层的方法来迂回解决问题。

▶ 3.8.5 编辑智能对象的源文件

智能对象的优点是能够在外部编辑智能对象的源文件，并使所有改变反映在当前工作的Photoshop文件中。要编辑智能对象的源文件，可以按以下步骤操作。

01 打开随书所附光盘中的文件"源文件\第3章\3.8.5-素材.psd"，在"图层"面板中选择智能对象图层。

02 直接双击智能对象图层或者执行"图层"|"智能对象"|"编辑内容"命令，也可以直接在"图层"面板菜单中执行"编辑内容"命令，弹出如图3-41所示的提示对话框。

03 直接单击"确定"按钮，进入智能对象的源文件中。

04 在源文件中进行修改操作，执行"文件"|"存储"命令关闭此文件。

执行上面的操作后，则修改后源文件的变化会反应在智能对象中。例如图3-42所示是将该智能对象中两个调整图层隐藏后的效果及对应的"图层"面板。此时关闭并保存对此智能对象的修改，返回至图像文件中，可以看出所有链接智能对象都会发生变化。

图3-41　提示对话框

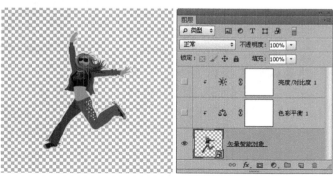

图3-42　隐藏图层后的效果

3.8.6　栅格化智能对象

由于智能对象具有许多编辑限制，因此如果希望对智能对象进行进一步的编辑（如执行滤镜命令对其进行操作等），则必须将其栅格化，即转换成为普通的图层。

选择智能对象图层后，执行"图层"|"智能对象"|"删格化"命令，即可将智能对象图层转换成为普通图层。

3.9　拓展练习——制作逼真的倒影效果

源 文 件：	源文件\第3章\3.9.psd
视频文件：	视频\3.9.avi

01 打开随书所附光盘中的文件"源文件\第3章\3.9-素材1.jpg"，如图3-43所示。

提 示

下面运用复制图层以及变换等功能，制作倒影的图像。

02 按Alt键双击"背景"图层，以将其转换为普通图层，得到"图层0"。然后按Alt键将"图层0"拖至其下方，得到"图层0 副本"，此时的"图层"面板如图3-44所示。

图3-43　素材图像

图3-44　"图层"面板

03 按Ctrl+T组合键调出自由变换控制框，在控制框内单击鼠标右键，在弹出的快捷菜单中执行"垂直翻转"命令，将光标置于控制框内并向下移动图像的位置，如图3-45所示，按Enter键确认变换操作。执行"图像"|"显示全部"命令，得到的效果如图3-46所示。

图3-45　移动图像位置　　　　　图3-46　显示全部的图像状态

🔍 **提 示**

下面利用变换功能拉长图像，使倒影符合自然规律。

04 继续按Ctrl+T组合键调出自由变换控制框，向下拖动底部中间的控制句柄以略拉长图像，如图3-47所示。确认并显示全部图像后的状态如图3-48所示。

图3-47　变换状态　　　　　　图3-48　加高图像后的状态

05 选择"图层0"作为当前的工作层，按Ctrl+E组合键执行"向下合并"操作，此时"图层"面板中只剩下"图层0 副本"图层，在此图层名称上单击鼠标右键，在弹出的快捷菜单中执行"转换为智能对象"命令，从而将此图层转换为智能对象图层。

🔍 **提 示**

下面运用"波纹"命令以及编辑蒙版的功能，模拟逼真的水中倒影效果。

06 执行"滤镜"|"扭曲"|"波纹"命令，设置弹出对话框中的参数如图3-49所示，得到如图3-50所示的效果。局部效果如图3-51所示。

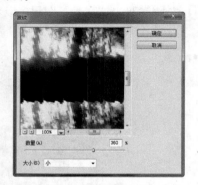

07 在工具箱中选择"矩形选框工具" 🔲，沿上方的图像区域绘制选区，如图3-52所示。选中智能蒙版缩览图，如图3-53所示，设置前景色为黑色，按Alt+Delete组合键以

图3-49　"波纹"对话框

前景色填充选区，按Ctrl+D组合键取消选区，得到的效果如图3-54所示。

08 在工具箱中选择"画笔工具" ，并在其工具选项栏中设置适当的画笔大小，在智能蒙版中进行涂抹，以将中间的部分波纹效果隐藏，如图3-55所示，此时蒙版中的状态如图3-56所示。

图3-50 应用"波纹"命令后的效果

图3-51 局部效果

图3-52 绘制选区

图3-53 选中蒙版缩览图

图3-54 编辑蒙版后的效果

图3-55 编辑蒙版后的效果

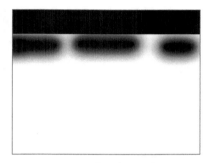

图3-56 蒙版中的状态

09 打开随书所附光盘中的文件"源文件\第3章\3.9-素材2.psd"，按Shift键使用"移动工具" 将其拖至上一步制作的文件中，得到的最终效果如图3-57所示，"图层"面板如图3-58所示。

图3-57 最终效果

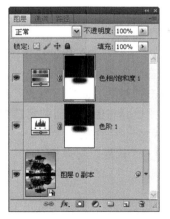

图3-58 "图层"面板

3.10 本章小结

本章主要介绍了Photoshop中关于图层、图层组及智能对象等基础知识。通过本章的学习，读者首先需要对"图层"面板有一个整体的认识，然后进一步掌握新建、复制、删除、合并等关于图层、图层组的操作方法。另外，还应该熟悉关于智能对象的相关操作方法。

总之，图层是Photoshop中极为重要的知识，本章介绍的都属于在后面学习和工作过程中经常用到的知识，因此应尽可能在此处认真学习，从而为后面的学习打下一个坚实的基础。

3.11 课后习题

1. 单选题

（1）单击"图层"面板上当前图层左边的眼睛图标，结果是（　　）。

  A．当前图层被锁定　　　　　　　　　B．当前图层被隐藏

  C．当前图层会以线条稿显示　　　　　D．当前图层被删除

（2）下列可用于向下合并图层的快捷键是（　　）。

  A．Ctrl+E 键　　　　　　　　　　　B．Ctrl+Shift+E 键

  C．Ctrl+F 键　　　　　　　　　　　D．Ctrl+Alt+E 键

（3）在选中多个图层（不含背景图层）后，不可执行的操作是（　　）。

  A．编组　　　　　　　　　　　　　　B．删除

  C．转换为智能对象　　　　　　　　　D．填充

2. 多选题

（1）下列操作不能删除当前图层的是（　　）。

  A．将此图层用鼠标拖至"垃圾桶"图标上

  B．在"图层"面板右边的弹出菜单中执行"删除图层"命令

  C．在有选区时直接按Delete键

  D．直接按Esc键

（2）Photoshop CS6中提供了（　　）图层合并方式。

  A．向下合并　　　　　　　　　　　　B．合并可见层

  C．拼合图层　　　　　　　　　　　　D．合并图层组

（3）下列（　　）方法可以创建新图层。

  A．双击"图层"面板的空白处，在弹出的对话框中进行设定，执行"新图层"命令

  B．单击"图层"面板下方的"新建图层"按钮

  C．使用鼠标将图像从当前窗口中拖动到另一个图像窗口中

  D．按Ctrl+N组合键

（4）要选中多个图层，可以按（　　）键。

  A．Ctrl　　　　　　　　　　　　　　B．Shift

  C．Alt　　　　　　　　　　　　　　　D．Tab

（5）下面对图层组描述正确的是（　　）。

A. 在"图层"面板中单击"创建新组"按钮可以新建一个图层组

B. 可以将所有选中图层放到一个新的图层组中

C. 按住Ctrl键的同时用鼠标单击"图层"选项栏中的图层组,可以弹出"图层组属性"对话框

D. 在图层组内可以对图层进行删除和复制

3. 填空题

(1) 要将选中的图层编组,可以按_____键。

(2) 若要在创建新图层时弹出"创建新图层"对话框,可以按住_____键单击"图层"面板中的"创建新图层"按钮。

(3) 从外部直接拖入到当前图像的窗口内,即可将其以_____的形式置入到当前图像中。

4. 判断题

(1) Photoshop中"背景"图层始终在最低层。(   )

(2) 可以为智能对象图层添加图层蒙版、矢量蒙版、设置不透明度等属性。(   )

(3) 若当前图像中带有选区,则无法通过按Delete键的方式删除图层。(   )

5. 上机操作题

(1) 打开随书所附光盘中的文件"源文件\第3章\3.11上机操作题01-素材.psd",如图3-59所示。通过调整图层顺序,制作如图3-60所示的效果。

图3-59 原素材   图3-60 最终效果

(2) 打开随书所附光盘中的文件"源文件\第3章\3.11上机操作题02-素材.psd",如图3-61所示,通过选择不同的图层,并调整相应图像的位置,直至得到如图3-62所示的效果。

图3-61 原素材   图3-62 最终效果

第4章
路径与选区

Photoshop不仅仅是一个位图图像处理软件，它还拥有非常强大的矢量绘制功能，并在CS6版本中进一步强化了为矢量路径设置填充与描边等功能。本章介绍路径的概念以及在Photoshop中绘制、编辑与设置路径属性的方法。

学习要点

- 了解路径的基本概念
- 了解3种绘图模式
- 熟悉绘制几何图形的方法
- 掌握绘制自由图形的方法
- 掌握选择路径的方法
- 掌握编辑路径锚点的方法
- 掌握设置路径填充与描边的方法
- 掌握设置形状填充及描边的方法
- 熟悉路径与选区的转换方法

4.1 设置颜色

在使用Photoshop的绘图工具进行绘图时，选择正确的颜色至关重要，本节介绍在Photoshop中选择颜色的各种方法。在实际工作过程中，可以根据需要选择不同的方法。

在Photoshop中的选色操作包括选择前景色与背景色。选择前景色和背景色都非常重要，即Photoshop使用前景色绘画、填充和描边选区等，使用背景色生成渐变填充并在图像的抹除区域中填充。有一些特殊效果滤镜也使用前景色和背景色。

在工具箱中可设置前景色和背景色，工具箱下方的颜色选择区由设置前景色、设置背景色、切换前景色和背景色按钮及默认前景色和背景色按钮组成，如图4-1所示。

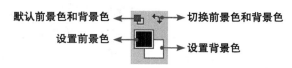

图4-1　前景和背景色设置

- 切换前景和背景色按钮：单击该按钮可交换前景色和背景色的颜色。
- 默认前景色和背景色按钮：单击该按钮可恢复前景色为黑色、背景色为白色的默认状态。

无论单击前景色颜色样本块还是背景色颜色样本块，都可以弹出"拾色器"对话框。图4-2所示为单击前景色弹出的对话框。

在"拾色器"对话框中的颜色区域单击任何一点都可选取一种颜色，如果拖动颜色条上的三角形滑块，则可以选择不同颜色范围中的颜色。

如果正在设计网页，则可能需要选择网络安全颜色。若要选择网络安全颜色，可在"拾色器"中选中"只有Web颜色"复选框，此时"拾色器"显示如图4-3所示，在此状态下可直接选择能正确显示于互联网中的颜色。

图4-2　"拾色器"对话框

图4-3　"只有Web颜色"被选中的"拾色器"

4.2 使用"画笔工具"绘图

使用"画笔工具"可以绘制边缘柔和的线条。选择工具箱中的"画笔工具"，其工具选项栏如图4-4所示。

图4-4　"画笔工具"选项栏

此工具选项栏中各参数释义如下。

- 画笔：在其弹出面板中选择合适的画笔笔尖形状。

- 模式：在其下拉列表中选择用"画笔工具" 绘图时的混合模式。
- 不透明度：此数值用于设置绘制效果的不透明度。其中，100%表示完全不透明，0%表示完全透明。设置不同"不透明度"数值的对比效果如图4-5所示。从中可以看出，数值越小，绘制时画笔的覆盖力越弱。

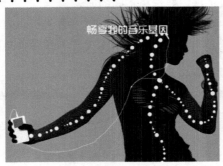

(a) 设置"不透明度"数值为100%　　　　(b) 设置"不透明度"数值为30%

图4-5　对比效果

- 流量：此参数可以设置绘图时的速度。数值越小，绘图的速度越慢。
- "喷枪"按钮 ：如果在工具选项栏中单击"喷枪"按钮，则可以在"喷枪"模式工作。
- "绘图板压力控制画笔尺寸"按钮 ：在使用绘图板进行涂抹时，单击此按钮后，将可以依据给予绘图板的压力控制画笔的尺寸。
- "绘图板压力控制画笔透明"按钮 ：在使用绘图板进行涂抹时，单击此按钮后，将可以依据给予绘图板的压力控制画笔的不透明度。

实例：绘制简单卡通头像

源 文 件：	源文件\第4章\4.2.psd
视频文件：	视频\4.2.avi

本例将使用"画笔工具"绘制一个简单的卡通头像。

01 按Ctrl+N组合键新建一个文件，在弹出的对话框中分别设置宽度和高度数值为572像素和466像素，分辨率为72像素/英寸，颜色模式为8位RGB模式，背景为"白色"，单击"确定"按钮退出对话框。设置前景色为黑色，背景色为#ffeb01，按Ctrl+Delete组合键用背景色填充"背景"图层。

02 选择"画笔工具"在其工具栏中单击·按钮，从弹出的画笔选择列表框中选择硬边画笔，并设置其大小和硬度，如图4-6所示。用"画笔工具" 在图像中按照如图4-7所示的效果单击得到卡通脸上的眼睛效果。

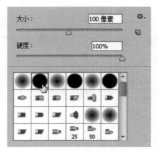
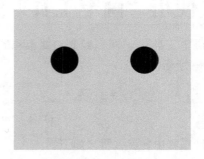

图4-6　选择画笔并设置参数　　　　图4-7　使用"画笔工具"绘制图像

03 使用"画笔工具" ✎在图像中单击鼠标右键,在弹出的画笔笔尖形状列表面板中,设置"主直径"数值为30,前景色为白色。用"画笔工具" ✎在上一步绘制的黑色正圆中绘制如图4-8所示的白色正圆,从而绘制完成了卡通脸的眼睛部分。

04 用"画笔工具" ✎在图像中单击鼠标右键,在弹出的画笔笔尖形状列表中设置"主直径"数值为10,设置前景色为黑色,用"画笔工具" ✎在图像的下半部分绘制卡通的嘴,如图4-9所示。

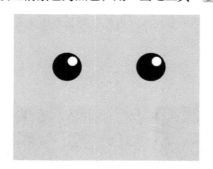

图4-8 使用"画笔工具"绘制眼睛

图4-9 使用"画笔工具"绘制嘴

05 用"画笔工具" ✎在图像中单击鼠标右键,在弹出的画笔笔尖形状列表中设置"主直径"数值为80,前景色的颜色值为#f66d4d,用"画笔工具" ✎在卡通脸的左、右两侧单击,直至得到如图4-10所示的效果。

对于上面绘制的卡通图像,可以尝试使用柔边画笔,绘制面部的橙色圆形,得到如图4-11所示的效果。

图4-10 绘制卡通脸

图4-11 绘制橙色圆形

4.3 掌握"画笔"面板

▶ 4.3.1 设置画笔笔尖形状

在"画笔"面板中单击"画笔笔尖形状"选项,"画笔"面板显示如图4-12所示。在此可以设置当前画笔的基本属性,包括画笔的"大小"、"圆度"、"间距"等。

- 大小:在此数值框中键入数值或者调整滑块,可以设置画笔笔尖的大小。数值越大,画笔笔尖的直径越大,绘制的对比效果如图4-13所示。
- 翻转X、翻转Y:这两个选项可以令画笔进行水平方向或者垂直方向的翻转。
- 角度:在该数值框中键入数值,可以设置画笔旋转的角度。

- 圆度：在此数值框中键入数值，可以设置画笔的圆度。数值越大，画笔笔尖越趋向于正圆或者画笔笔尖在定义时所具有的比例。
- 硬度：当在画笔笔尖形状列表框中选择椭圆形画笔笔尖时，此选项才被激活。在此数值框中键入数值或者调整滑块，可以设置画笔边缘的硬度。数值越大，笔尖的边缘越清晰；数值越小，笔尖的边缘越柔和。
- 间距：在此数值框中键入数值或者调整滑块，可以设置绘图时组成线段的两点间的距离。数值越大，间距越大。将画笔的"间距"数值设置得足够大时，则可以得到点线效果。

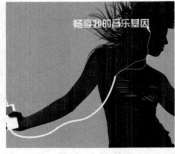

图4-12 "画笔"面板　　　　图4-13 对比效果

4.3.2　形状动态参数

　　"画笔"面板选项区的选项包括"形状动态"、"散布"、"纹理"、"双重画笔"、"颜色动态"、"传递"以及"画笔笔势"，配合各种参数设置即可得到非常丰富的画笔效果。在"画笔"面板中选中"形状动态"复选框，"画笔"面板显示如图4-14所示。

- 大小抖动：此参数控制画笔在绘制过程中尺寸的波动幅度。数值越大，波动的幅度越大。图4-15所示为原路径状态。图4-16所示是"画笔"面板中参数的设置状态。图4-17所示是分别设置此数值为30%和100%后描边路径得到的图像效果。从中可以看出，描边的线条中出现了大大小小、断断续续的不规则边缘效果。

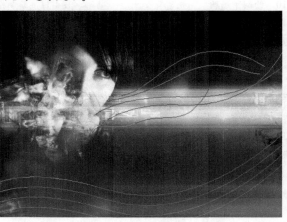

图4-14 "画笔"面板　　　图4-15 原路径状态　　　图4-16 设置参数

60

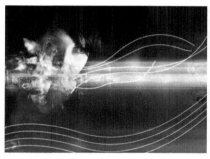

（a）设置"大小抖动"数值为30%　　　　　（b）设置"大小抖动"数值为100%

图4-17　对比效果

- 控制：在此下拉列表中包括5种用于控制画笔波动方式的参数，即"关"、"渐隐"、"钢笔压力"、"钢笔斜度"、"光笔轮"等。选择"渐隐"选项，将激活其右侧的数值框，在此可以键入数值以改变画笔笔尖渐隐的步长。数值越大，画笔消失的速度越慢，其描绘的线段越长。图4-18所示为将"大小抖动"数值设置为0%，然后分别设置"渐隐"数值为600和1200时得到的描边效果。

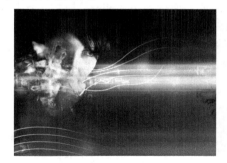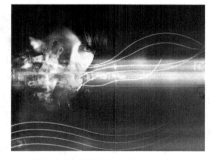

（a）设置"渐隐"数值为600　　　　　　（b）设置"渐隐"数值为1 200

图4-18　对比效果

- 最小直径：此数值控制在尺寸发生波动时画笔笔尖的最小尺寸。数值越大，发生波动的范围越小，波动的幅度也会相应变小，画笔的动态达到最小时尺寸最大。
- 角度抖动：此参数控制画笔在角度上的波动幅度。数值越大，波动的幅度也越大，画笔显得越紊乱。
- 圆度抖动：此参数控制画笔在圆度上的波动幅度。数值越大，波动的幅度也越大。
- 最小圆度：此数值控制画笔在圆度发生波动时其最小圆度尺寸值。数值越大，则发生波动的范围越小，波动的幅度也会相应变小。
- 画笔投影：选中此复选框后，并在"画笔笔势"选项中设置倾斜及旋转参数，则可以在绘图时得到带有倾斜和旋转属性的笔尖效果。图4-19所示为未选中"画笔投影"选项时的描边效

创意大学
Photoshop CS6标准教材

果，图4-20所示是在选中了"画笔投影"复选框，并在"画笔笔势"选项中设置了"倾斜X"和"倾斜Y"均为100%时的描边效果。

图4-19　未设置投影的效果

图4-20　描边效果

4.3.3　散布参数

在"画笔"面板中选中"散布"复选框，"画笔"面板显示如图4-21所示，在其中可以设置"散布"、"数量"、"数量抖动"等参数。

- 散布：此参数控制在画笔发生偏离时绘制的笔画的偏离程度。数值越大，则偏离的程度越大。图4-22所示是分别设置此数值为200%和1000%时，按Z字形笔画在图像中涂抹的对比效果。

图4-21　"画笔"面板

(a) 设置"散布"数值为200%

(b) 设置"散布"数值为1000%

图4-22　对比效果

- 两轴：选中此复选框，画笔点在X和Y两个轴向上发生分散，不选中此复选框，则只在X轴向上发生分散。
- 数量：此参数控制笔画上画笔点的数量。数值越大，构成画笔笔画的点越多。图4-23所示是分别设置此数值为10和3时，从星球的右侧向画布的右上角绘制光点时得到的对比效果。
- 数量抖动：此参数控制在绘制的笔画中画笔点数量的波动幅度。数值越大，得到的笔画中画笔的数量抖动幅度越大。

（a）设置"数量"数值为10　　　　　　（b）设置"数量"数值为3

图4-23　对比效果

4.3.4　颜色动态参数

在"画笔"面板中选中"颜色动态"复选框，"画笔"面板显示如图4-24所示。选中此复选框，则可以动态地改变画笔的颜色效果。

- 应用每笔尖：选中此复选框后，将在绘画时，针对每个画笔进行颜色动态变化；反之，则仅使用第一个画笔的颜色。图4-25所示是选中此复选框前后的描边效果对比。

图4-24　"画笔"面板　　　　　　图4-25　对比效果

- 前景/背景抖动：在此键入数值或者拖动滑块，可以在应用画笔时控制画笔的颜色变化情况。数值越大，画笔的颜色发生随机变化时，越接近于背景色；数值越小，画笔的颜色发生随机变化时，越接近于前景色。
- 色相抖动：此参数用于控制画笔色相的随机效果。数值越大，画笔的色相发生随机变化时，越接近于背景色的色相；数值越小，画笔的色相发生随机变化时，越接近于前景色的色相。
- 饱和度抖动：此参数用于控制画笔饱和度的随机效果。数值越大，画笔的饱和度发生随机变化时，越接近于背景色的饱和度；数值越小，画笔的饱和度发生随机变化时，越接近于前景色的饱和度。
- 亮度抖动：此参数用于控制画笔亮度的随机效果。数值越大，画笔的亮度发生随机变化时，越接近于背景色的亮度；数值越小，画笔的亮度发生随机变化时，越接近于前景色的亮度。
- 纯度：在此键入数值或者拖动滑块，可以控制画笔的纯度。当设置此数值为-100%时，画笔呈现饱和度为0的效果；当设置此数值为100%时，画笔呈现完全饱和的效果。

图4-26所示为原图像。图4-27所示是结合"形状动态"、"散布"以及"颜色动态"等参数设置后，绘制得到的彩色散点效果。图4-28所示是为图像设置了图层的混合模式后的效果。

图4-26　原图像

图4-27　彩色散点效果

图4-28　设置混合模式后的效果

实例：使用"画笔工具"制作散点效果

源 文 件：	源文件\第4章\4.3-1.psd
视频文件：	视频\4.3-1.avi

01 打开随书所附光盘中的文件"源文件\第4章\4.3-1-素材.tif"，如图4-29所示。

> 🔍 提 示
>
> 将要做的是碎片从人物身体上分离的效果，所以在调整"画笔"面板时需要将画笔调整成碎片的状态。

02 按F5键调出"画笔"面板，按照图4-30所示对"画笔"面板行设置。

图4-29　素材图像

"画笔笔尖形状"选项

"形状动态"选项

"散步"选项

"颜色动态"选项

图4-30　设置面板

03 首先在人物的腿部进行绘制，按F7键显示"图层"面板，单击"创建新图层"按钮 [ ]，新建一个图层得到"图层1"。

04 用"吸管工具" [ ]先在腿部最亮的位置单击，如图4-31所示，以吸取此处的颜色。按X键切换前景色与背景色，然后用"吸管工具" [ ]在腿部较暗的位置单击，如图4-32所示。

05 用"画笔工具" [ ]在腿部进行涂抹，得到如图4-33所示的散点效果。其他位置的绘制方法基本与上一步的相同，请按照图4-34所示的流程图进行绘制。

图4-35是为照片增加锐化、画框及文字后的最终效果。

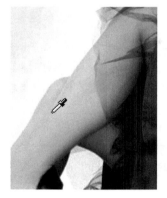

图4-31 吸取亮处颜色

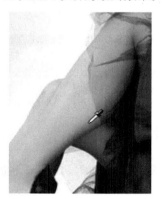

图4-32 吸取暗处颜色

图4-33 用"画笔工具"涂抹后的效果

图4-34 用"画笔工具"绘制散点流程图

图4-35 最终效果

实例：将图像自定义成画笔

源 文 件：	源文件\第4章\4.3-2-素材.tif
视频文件：	视频\4.3.2.avi

如果需要更具个性化的画笔效果，可以自定义画笔。自定义画笔的方法非常简单，其操作步骤如下所述。

01 打开随书所附光盘中的文件"源文件\第4章\4.3-2-素材.tif"，如图4-36所示。

02 如果要将图像中的部分内容定义为画笔，则需要使用选择类工具（如"矩形选框工具" 、"套索工具" 、"魔棒工具" 等）将要定义为画笔的区域选中；如果要将整个图像都定义为画笔，则无需进行任何选择操作。

03 执行"编辑"|"定义画笔预设"命令，在弹出的"画笔名称"对话框的文本框中键入画笔的名称，如图4-37所示，单击"确定"按钮退出对话框。

04 在"画笔"面板中可以查看新定义的画笔，如图4-38所示。

图4-36　素材文件　　　　　　图4-37　"画笔名称"对话框　　　　图4-38　新定义的画笔

4.4　了解"画笔预设"面板

"画笔"面板中用于管理画笔预设的功能，被集成至一个新的面板中，即"画笔预设"面板，如图4-39所示。

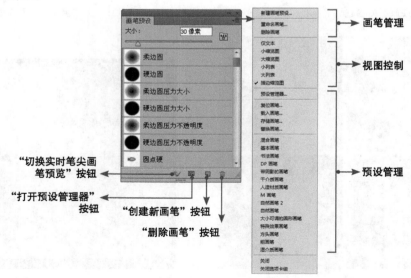

图4-39　"画笔预设"面板

"画笔预设"面板及其面板菜单中的参数解释如下。

- 画笔管理：在此区域可以创建、重命名及删除画笔。
- 视图控制：此处可以设置画笔显示的缩览图状态。
- 预设管理：在此区域可以进行载入、存储等画笔管理操作。
- "切换实时笔尖画笔预览"按钮 ✎：单击此按钮后，默认情况下将在画布的左上方显示笔刷的形态，必须启用OpenGL才能使用此功能。
- "打开预设管理器"按钮 ▦：单击该按钮，将可调出画笔的"预设管理器"对话框，用于管理和编辑画笔预设。
- "创建新画笔"按钮 ▣：单击该按钮，在弹出的对话框中单击"确定"按钮，按当前所选画笔的参数创建一个新画笔。
- "删除画笔"按钮 ▥：在选择"画笔预设"选项的情况下，选择了一个画笔后，该按钮就会被激活，单击该按钮，在弹出的对话框中单击"确定"按钮即可将该画笔删除。

4.5 渐变工具

渐变系列工具是在图像的绘制与模拟时经常用到的，它也可以帮助绘制作品的基本背景色彩及明暗、模拟图像立体效果等。本节将进行详细介绍。

▶ 4.5.1 创建实色渐变

虽然Photoshop自带的渐变方式足够丰富，但在某些情况下，还是需要自定义新的渐变以配合图像的整体效果。创建实色渐变的步骤如下所述。

01 在"渐变工具" ▦的工具选项栏中选择任意一种渐变方式。

02 单击渐变色条，如图4-40所示，调出如图4-41所示的"渐变编辑器"对话框。

03 单击"预设"区域中的任意渐变，基于该渐变来创建新的渐变。

04 在"渐变类型"下拉列表中选择"实底"选项，如图4-42所示。

05 单击渐变色条起点处的颜色色标以将其选中，如图4-43所示。

图4-40　工具选项栏

图4-41　"渐变编辑器"对话框

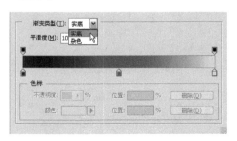

图4-42　选择"实底"选项

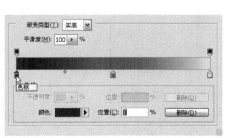

图4-43　选中色条

06 单击对话框底部"颜色"右侧的 ▶ 按钮，弹出选项菜单，其中各选项释义如下。

- 前景：选择此选项，可以使此色标所定义的颜色随前景色的变化而变化。
- 背景：选择此选项，可以使此色标所定义的颜色随背景色的变化而变化。
- 用户颜色：如果需要选择其他颜色来定义此色标，可以单击色块或者双击色标，在弹出的"拾色器（色标颜色）"对话框中选择颜色。

07 按照本例Step05～Step06中介绍的方法为其他色标定义颜色，此处创建的是一个黑、红、白的三色渐变，如图4-44所示。如果需要在起点色标与终点色标中添加色标以将该渐变定义为多色渐变，可以直接在渐变色条下面的空白处单击，如图4-45所示，然后按照Step05～Step06中介绍的方法，定义该处色标的颜色，此处将该色标设置为黄色，如图4-46所示。

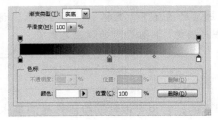

图4-44 三色渐变

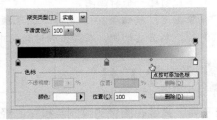

图4-45 创建多色渐变

08 要调整色标的位置，可以按住鼠标左键将色标拖动到目标位置，或者在色标被选中的情况下，在"位置"数值框中键入数值，以精确定义色标的位置。图4-47所示为改变色标位置后的状态。

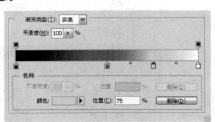

图4-46 定义颜色

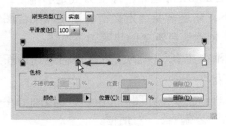

图4-47 改变位置后的状态

09 如果需要调整渐变的缓急程度，可以单击两个色标中间的菱形滑块，如图4-48所示，然后拖动菱形滑块。图4-49所示为向右侧拖动菱形滑块后的状态。

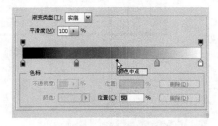

图4-48 调整缓急程度

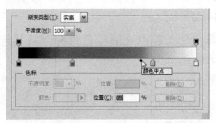

图4-49 向右拖动的状态

10 如果要删除处于选中状态下的色标，可以直接按Delete键，或者按住鼠标左键向下拖动，直至该色标消失为止。图4-50所示为将最右侧的白色色标删除后的状态。

11 完成渐变颜色设置后，在"名称"文本框中键入该渐变的名称。

12 如果要将渐变存储在"预设"区域中，可以单击"新建"按钮。

13 单击"确定"按钮，退出"渐变编辑器"对话框，新创建的渐变自动处于被选中的状态。

图4-51所示为应用前面创建的实色渐变制作的渐变文字"彩铃"。

图4-50 删除色标后的状态　　　　图4-51 渐变效果

▶ 4.5.2 创建透明渐变

在Photoshop中除了可以创建不透明的实色渐变外，还可以创建具有透明效果的实色渐变。其具体操作步骤如下所述。

01 按照上一小节介绍的创建实色渐变的方法创建渐变，如图4-52所示。

02 在渐变色条需要产生透明效果的位置处的上方单击鼠标左键，用以添加一个不透明度色标。

03 在该不透明度色标处于被选中的状态下，在"不透明度"数值框中键入数值，如图4-53所示。

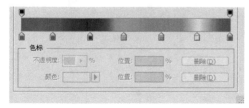

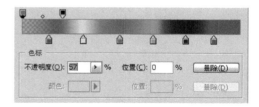

图4-52 创建渐变　　　　图4-53 输入数值

04 如果需要在渐变色条的多处位置产生透明效果，可以在渐变色条上方多次单击鼠标左键，以添加多个不透明度色标。

05 如果需要控制由两个不透明度色标所定义的透明效果间的过渡效果，可以拖动两个不透明度色标中间的菱形滑块。

图4-54所示为一个非常典型的具有多个不透明度色标的透明渐变。图4-55所示为应用此透明渐变制作的彩虹效果。

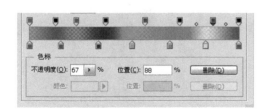

图4-54 透明渐变　　　　图4-55 彩虹效果

实例：使用"渐变工具"绘制群山起伏效果

源 文 件：	源文件\第4章\4.5.psd
视频文件：	视频\4.5.avi

本例将结合"选区绘制工具"与"渐变工具"绘制一幅简单的山水画。

01 按Ctrl+N组合键新建一个文件，在弹出的对话框中分别设置宽度和高度数值为933像素和700像素，分辨率为72像素/英寸，颜色模式为8位RGB模式，背景为"白色"，单击"确定"按钮退出对话框即可。

02 设置前景色的颜色值为#4583a8，背景色为白色，单击"渐变工具"选项栏上渐变样本显示框右侧的三角按钮，在弹出的列表中选择渐变样本为前景到背景，如图4-56所示。

图4-56　选择渐变样本

03 使用"线性渐变工具" ■ 在文件的顶部按住鼠标左键，同时按住Shift键向下拖动至文件底部，如图4-57所示。释放鼠标左键即可得到如图4-58所示的效果。

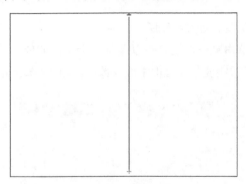

图4-57　拖动渐变工具

图4-58　渐变效果

🔍 **提　示**

此处绘制的渐变是为了抽象地模拟天空背景的效果。

04 用"套索工具" ❏ 在图像中绘制类似如图4-59所示的山形选区。

05 设置前景色的颜色值为#a2bfd1，使用"线性渐变工具" ■ 在图像中单击鼠标右键，在弹出的渐变样本列表中选择渐变样本为前景到透明，如图4-60所示。

图4-59　绘制选区

图4-60　选择渐变样本

06 使用"线性渐变工具" ![图标]从选区的顶部至底部并偏左10°绘制渐变,按Ctrl+D组合键取消选区,得到如图4-61所示的效果。

07 按照本例第4~6步的方法依次绘制得到如图4-62所示的效果。

图4-61　绘制渐变　　　　　　　　　　　　图4-62　绘制其他3处渐变

08 从本步骤开始,将创建一个模拟太阳发光的渐变。设置前景色为白色,选择"线性渐变工具" ![图标]并设置渐变样本为从前景色到透明,单击"渐变工具"选项栏左侧的渐变样本显示框,在弹出的"渐变编辑器"对话框中调整透明渐变的不透明滑块,如图4-63所示。从左至右,3个不透明滑块的不透明度值分别为100%、50%和0%。

09 使用"椭圆选框工具" ![图标]按住Shift键在图像左上角绘制如图4-64所示的正圆形选区。

图4-63　调整不透明度滑块　　　　　　　　图4-64　绘制选区

10 选择"径向渐变工具" ![图标]并将光标置于选区的中心位置,按住鼠标左键向选区边缘拖动,释放鼠标左键并按Ctrl+D组合键取消选区,得到如图4-65所示的效果。

可以尝试通过调整渐变属性,绘制得到如图4-66所示的太阳效果。

图4-65　绘制选区　　　　　　　　　　图4-66　使用"渐变工具"绘制太阳效果

4.6 填充图像

可以按快捷键填充前景色或者背景色，也可以利用"油漆桶工具" 填充颜色或者图案，还可以执行"编辑"|"填充"命令，在弹出的"填充"对话框（如图4-67所示）中进行设置。

图4-67 "填充"对话框

"填充"对话框中各参数释义如下。

- 内容：在"使用"下拉列表中可以选择填充的类型，包括"前景色"、"背景色"、"颜色"、"内容识别"、"图案"、"历史记录"、"黑色"、"50%灰色"和"白色"。当选择"图案"选项时，其下方的"自定图案"选项被激活，单击"自定图案"右侧预览框的 按钮，在弹出的"图案拾色器"面板中选择填充的图案。

图4-68所示为有选区存在的图像。图4-69所示为填充图案后的效果。图4-70所示为添加其他设计元素后得到的效果。

图4-68 有选区的效果　　图4-69 填充效果　　图4-70 添加设计元素的效果

- 混合：可以设置填充的"模式"、"不透明度"等属性。图4-71所示为使用选择类工具所制作的选区。图4-72所示为在选区中填充黑色后得到的逆光剪影效果。

图4-71 制作的选区　　图4-72 填充效果

"内容识别"的智能填充方式，即在填充选定的区域时，可以根据所选区域周围的图像进行修补，甚至可以在一定程度上"无中生有"。从实际的使用效果来说，也确实为用户的图像处理工作提供了一个更智能、更有效率的解决方案。

下面通过一个简单的实例介绍此功能的使用方法。

实例：执行"填充"命令去除多余的图像

源　文　件：	源文件\第4章\4.6.psd
视频文件：	视频\4.6.avi

本例介绍执行"填充"命令修除照片中多余元素的方法。

01 打开随书所附光盘中的文件"源文件\第4章\4.6-素材.jpg"，如图4-73所示。本例将修除画面中多余的一只手。

02 使用"多边形套索工具" 绘制选区，以将要修除的手图像选中。在绘制选区时，可尽量地精确一些，这样填充的效果也会更加准确，但也不要完全贴着手的边缘绘制，这样可能会让填充后的图像产生杂边，如图4-74所示。

03 按Shift+Backspace组合键或执行"编辑"|"填充"命令，设置弹出的对话框，如图4-75所示。

图4-73　素材图像　　　　图4-74　选择手　　　　图4-75　"填充"对话框

04 单击"确定"按钮退出对话框后，按Ctrl+D组合键取消选区，将得到如图4-76所示的填充结果。从中可以看出，多余的手臂图像已经基本被修除，除了中心位置还留有一些痕迹，其他区域已经基本替换成为较接近的图像内容。

05 如果效果不满意的话，可以使用"修补工具" 或"仿制图章工具" ，将残留的痕迹修补干净，得到如图4-77所示的效果，图4-78所示是本例的整体效果。

图4-76　填充效果　　　　图4-77　修补痕迹　　　　图4-78　最终效果

4.7 自定义图案

　　Photoshop提供了大量的预设图案，可以通过预设管理器将其载入并使用，但即使再多的图案，也无法满足设计师们千变万化的需求，所以Photoshop提供了自定义图案的功能。

实例：执行"自定义图案"命令为图像添加纹理

源　文　件：	源文件\第4章\4.7.psd
视频文件：	视频\4.7.avi

　　下面将通过一个简单的实例，介绍自定义图案的操作方法。

01 打开随书所附光盘中的文件"源文件\第4章\4.7-素材1.jpg"图像，如图4-79所示。

02 执行"编辑"｜"定义图案"命令，在弹出的对话框中输入新图案的名称，如图4-80所示，单击"确定"按钮关闭对话框。

图4-79　素材图像

图4-80　"图案名称"对话框

03 打开随书所附光盘中的文件"源文件\第4章\4.7-素材2.psd"图像，如图4-81所示，"图层"面板如图4-82所示。

图4-81　素材

图4-82　"图层"面板

04 选择"矩形选框工具" ，绘制如图4-83所示的选区，单击"图层"面板底部的"创建新图层"按钮 ，得到"图层 2"，设置前景色为f2bc25，按Alt+Delete组合键进行填充，得到的效果如图4-84所示。

图4-83　绘制选区

图4-84　填充效果

05 在确定保留选区的状态下，执行"编辑"|"填充"命令，在弹出的对话框中选择"图案"选项，如图4-85所示，再设置其对话框如图4-86所示，单击"确定"按钮关闭对话框，按Ctrl+D组合键取消选区，得到如图4-87所示的效果及"图层"面板。

可以按照上述方法填充相同的图案，填充如图4-88所示的效果。

图4-85 "填充"对话框

图4-86 设置对话框

图4-87 设置效果及面板

图4-88 执行"自定义图案"命令为图像添加纹理

4.8 描边图像

当为选区进行进行描边时，可以得到沿选区勾边的效果。在存在选区的状态下，执行"编辑"|"描边"命令，弹出如图4-89所示的"描边"对话框。

"描边"对话框中各参数释义如下。

- 宽度：设置描边线条的宽度。数值越大，线条越宽。
- 颜色：单击色块，在弹出的"拾色器（描边颜色）"对话框中为描边线条选择合适的颜色。
- 位置：通过选中此区域中的3个单选按钮，可以设置描边线条相对于选区的位置，包括"内部"、"居中"和"居外"。图4-90所示为分别选中3个单选按钮后所得到的描边效果。
- 混合：可以设置填充的"模式"、"不透明度"等属性。

图4-89 "描边"对话框

图4-91所示为对选区进行描边的过程及效果。

(a) 选中"内部"单选按钮　　(b) 选中"居中"单选按钮　　(c) 选中"居外"单选按钮

图4-90　描边效果

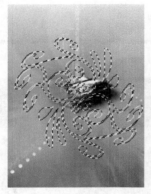  

(a) 原选区　　　　　　(b) 描边效果　　　　　(c) 修饰处理后的效果

图4-91　描边的过程及效果

实例：制作简单的线描图像特效

源　文　件：	源文件\第4章\4.8.psd
视频文件：	视频\4.8.avi

　　下面执行"描边"命令制作一种线描图像效果，并通过在其中设置混合模式，使其与背景图像融合在一起。

01 打开随书所附光盘中的文件"源文件\第4章\4.8-素材.psd"，如图4-92所示。

02 执行"窗口"|"通道"命令以显示"通道"面板，该面板底部有一个通道"Alpha 1"，如图4-93所示。

 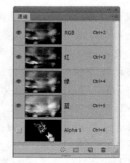

图4-92　素材图像　　　　　　　　　图4-93　载入通道中的选区

03 按住Ctrl键单击通道Alpha 1的名称以载入其选区，如图4-94所示。

04 设置前景色为白色，执行"编辑"｜"描边"命令，设置弹出的对话框如图4-95所示，单击"确定"按钮退出对话框。

图4-94 载入选区

图4-95 "描边"对话框

05 执行"选择"｜"取消选择"命令或按Ctrl+D组合键取消选区，得到如图4-96所示最终效果。还可以按照上述实例中的方法，试制作如图4-97所示的效果。

图4-96 描边后的效果

图4-97 制作简单的线描图像特效

4.9 拓展练习——制作立体特效文字

源 文 件：	源文件\第4章\4.9.psd
视频文件：	视频\4.9.avi

本实例中的立体字是运用选区来复制图像，通过渐变填充和"描边"命令制作出来的。

01 打开随书所附光盘中的文件"源文件\第4章\4.9-素材.psd"，如图4-98所示，按Ctrl键单击"图层1"缩览图载入其选区，如图4-99所示。

图4-98 素材图像

图4-99 载入"图层1"选区

02 选择"移动工具"，按住Alt键连续按键盘上的向上方向键，连续向上复制图像，得到如图4-100所示的效果。

03 选择"渐变工具"，在其工具选项栏中单击"线性渐变"按钮，然后单击"渐变类型选择框"，调出"渐变编辑器"对话框，设置弹出的对话框如图4-101所示，按照图4-102所示，按住Shift键从上向下绘制渐变，得到如图4-103所示的效果。

图4-100　连续向上复制图像得到的效果

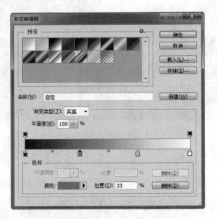

图4-101　"渐变编辑器"对话框

图4-102　绘制渐变

图4-103　应用渐变后的效果

🔍 提 示

在"渐变编辑器"对话框中，设置从左至右各个色标的颜色值分别为440000、ff5a00、ffe400和ffffff。

04 执行"编辑"|"描边"命令，设置弹出的对话框如图4-104所示。按Ctrl+D组合键取消选区，得到如图4-105所示的最终效果，立体字的应用效果如图4-106所示。

🔍 提 示

在"描边"对话框中，颜色块的颜色值为d00000。

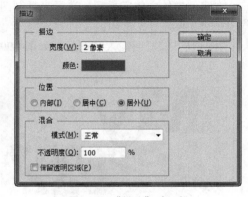

图4-104　"描边"对话框

图4-105　最终效果

图4-106　立体字的应用效果

4.10　本章小结

本章主要介绍了Photoshop中的画笔、渐变、填充与描边等各种位图绘制方法。通过本章的学习，读者应能够熟悉使用画笔进行简单的图像绘制、用"渐变工具"绘制并填充选区、为选区进行填充和描边处理操作。另外也应该对管理、定义画笔和渐变预设等基础操作有所了解。

4.11　课后习题

1. 单选题

（1）在使用"画笔工具"进行绘图的情况下，可以通过（　　）组合键快速控制画笔笔尖的大小。

　　A．"<"和">"　　　　　　　　　　B．"–"和"+"

　　C．"["和"]"　　　　　　　　　　D．"Page Up"和"Page Down"

（2）在Photoshop中，当选择"渐变工具"时，工具选项栏中就会提供五种渐变的方式。下面四种渐变方式里，（　　）不属于"渐变工具"中提供的渐变方式。

　　A．线性渐变　　　　　　　　　　B．角度渐变

　　C．径向渐变　　　　　　　　　　D．模糊渐变

（3）下列可以对图像进行智能修复处理的"填充"选项是（　　）。

　　A．历史记录　　　　　　　　　　B．前景色

　　C．背景色　　　　　　　　　　　D．内容识别

2. 多选题

（1）使用"画笔"面板可以完成的操作有（　　）。

　　A．选择、删除画笔　　　　　　　B．设置画笔大小、硬度

　　C．设置画笔动态参数　　　　　　D．创建新画笔

（2）在"描边"对话框中，可以设置的属性有（　　）。

　　A．颜色　　　　　　　　　　　　B．粗细

　　C．线条样式　　　　　　　　　　D．混合模式

3.填空题

（1）按_____键可以显示或隐藏"画笔"面板。

（2）要绘制圆形彩虹效果，可以在选择彩虹渐变后，使用"渐变工具"选项栏中的_____工具进行绘制。

（3）使用前景色进行填充的快捷键是_____；使用背景色进行填充的快捷键是_____。

4.判断题

（1）Photoshop中当使用"画笔工具"时，按住Alt键，可暂时切换到"吸管工具"。（　　）

（2）使用"画笔预设"面板可以管理画笔的预设，但不可以编辑画笔参数。（　　）

（3）在自定义图案时，必须使用没有羽化的圆形或方形选区进行定义。（　　）

5.上机操作题

（1）打开随书所附光盘中的文件"源文件\第4章\4.11上机操作题01-素材1.tif"，如图4-107所示，将其定义成为画笔；然后再打开"源文件\第4章\4.11上机操作题01-素材2.jpg"，如图4-108所示；使用刚定义的画笔，在图像中添加如图4-109所示的星光效果。

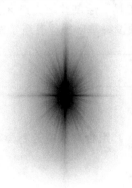

图4-107　素材文件　　　　图4-108　打开素材　　　　图4-109　添加星光效果

（2）打开随书所附光盘中的文件"源文件\第4章\4.11上机操作题02-素材.psd"，如图4-110所示，使用"矩形选框工具"框选一部分图像，并将其定义成为图案，然后填充得到类似如图4-111所示的效果。

图4-110　打开素材　　　　　　　　图4-111　填充效果

第5章
绘制矢量图形

Photoshop不仅具有十分强大的图形图像编辑功能，它同时也可以使用各种工具或命令来创建图像，从而根据用户的需要获得自定义的图像内容。本章介绍Photoshop中绘制图像的相关知识。

学习要点

- 掌握设置颜色的方法
- 熟悉画笔工具的基本参数
- 熟悉"画笔"面板的高级参数设置
- 了解"铅笔工具"的用法
- 了解"混合器画笔工具"的用法

- 了解"画笔预设"面板
- 掌握渐变工具的用法
- 掌握填充图像的方法
- 掌握自定义图案的方法
- 掌握描边图像的方法

5.1 路径的基本概念

一条完整的路径由锚点、控制句柄、路径线构成，如图5-1所示。

路径可能表现为一个点、一条直线或者是一条曲线，除了点以外的其他路径均由锚点和锚点间的线段构成。如果锚点间的线段曲率不为零，锚点的两侧还有控制手柄。锚点与锚点之间的相对位置关系决定了这两个锚点之间路径线的位置，锚点两侧的控制手柄控制该锚点两侧路径线的曲率。

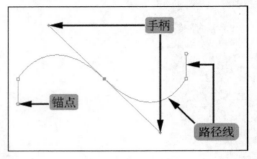

图5-1　完整的路径

5.2 了解3种绘图模式

对任意一种路径绘制工作来说，如"矩形工具" ▣ 、"椭圆工具" ◉ 、"自定形状工具" ✿ 、"钢笔工具"（此工具没有"像素"模式）等图形绘制工具时，都可以选择形状、路径和像素这3种绘图模式，以绘制不同的结果。以"矩形工具"为例，其工具选项栏如图5-2所示。

图5-2　工具选项栏

- 形状：选择后，在画布中拖动鼠标即可创建一个新形状图层。可以将创建的形状对象看成是矢量图形，它们不受分辨率的影响，并可以为其添加样式效果。关于形状图层的介绍，请参见本书相关章节的内容。
- 路径：选择后，即可在画布中绘制路径。值得一提的是，路径也是具有矢量特性的对象，但它与上面介绍的形状不同，路径是虚体，它在最终打印输出时不会被显示出来，而形状是实体，可以真实地被打印输出。
- 像素：选择后，将以前景色为填充色，在画布中绘制图形。

可以使用任意一个路径绘制工具，分别在选择"形状"和"路径"选项时，绘制两个相同或相似的图形，然后观察"图层"与"路径"面板中二者的异同。

5.3 绘制几何图形

利用Photoshop中的形状工具，可以非常方便地创建各种几何形状或路径。在工具箱中的形状工具组上单击鼠标右键，将弹出隐藏的形状工具。使用这些工具都可以绘制各种标准的几何图形。图5-3所示为矩形、圆形、多边形以及自定义图形等。

可以在图像处理或设计的过程中，根据实际需要选用这些工具。图5-4所示就是一些采用形状工具绘制得到的图形，并应用于设计作品后的效果。

图5-3　自定义图形

图5-4　设计效果

另外，Photoshop CS6在矢量绘图方面提供了更强大的功能，使用"矩形工具" 📄、"椭圆工具" ◯、"自定形状工具" 🐾等图形绘制工具时，可以在画布中单击，此时会弹出一个相应的对话框，以使用"椭圆工具" ◯在画布中单击为例，将弹出如图5-5所示的参数，在其中设置适当的参数并选择选项，然后单击"确定"按钮，即可精确创建圆角矩形。

可以创建一个新文件，并在其中绘制一个大小为48像素×48像素的矩形，以体验精确创建图形的方法。

图5-5　"创建圆角矩形"对话框

▶ 5.3.1　经验之谈——路径在设计中的应用

在很多设计工作中，都需要进行各种图形的绘制，并为它们设置填充、描边等属性。通常来说，建议用户尽可能多地使用路径或形状进行绘制，而不是将其转换为选区再填充颜色。即使需要为其叠加图像，那么也建议采用剪贴蒙版（参见第7章的介绍）的方式进行处理，这样的好处就在于，可以根据需要，随时修改路径或形状的形态甚至内容，为以后的修改工作留下更大的可编辑空间。

▶ 5.3.2　调整形状大小

在Photoshop CS6中，对于形状图层中的路径，可以在工具选项栏上精确调整其大小。使用"路径选择工具" ▶选中要改变大小的路径后，在工具选项栏上的W和H数值输入框中输入具体

的数值，即可改变其大小。

若是选中W与H之间的"链接形状的宽度和高度"按钮 👄 ，则可以等比例调整当前选中路径的大小。

5.4 绘制自由图形

▶ 5.4.1 钢笔工具

要绘制路径，可以使用"钢笔工具" 🖋 和"自由钢笔工具" 🖋 。选择两种工具中的任意一种，都需要在图5-6所示的工具选项栏中选择绘图方式，其中有两种方式可选。

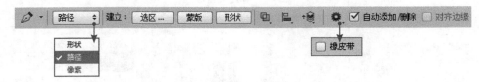

图5-6　工具选项栏

- 形状：选择此选项，可以绘制形状。
- 路径：选择此选项，可以绘制路径。

选择"钢笔工具" 🖋 ，在其工具选项栏中单击 ⚙ 图标，可以选择"橡皮带"选项。在"橡皮带"选项被选中的情况下，绘制路径时可以依据锚点与钢笔光标间的线段判断下一段路径线段的走向。

▶ 5.4.2 绘制开放型路径

如果需要绘制开放型路径，可以在得到所需要的开放型路径后，按Esc键放弃对当前路径的选定；也可以随意再向下绘制一个锚点，然后按Delete键删除该锚点。与前一种方法不同的是，使用此方法得到的路径将保持被选择的状态。

▶ 5.4.3 绘制闭合型路径

如果需要绘制闭合型路径，必须使路径的最后一个锚点与第一个锚点相重合，即在绘制到路径结束点处时，将鼠标指针放置在路径起始点处，此时在钢笔光标的右下角处显示一个小圆圈，如图5-7所示，单击该处即可使路径闭合，如图5-8所示。

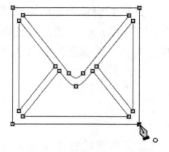

图5-7　放置在起始点

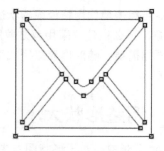

图5-8　闭合路径

5.4.4   绘制直线型路径

最简单的路径是直线型路径，构成此类路径的锚点都没有控制手柄。

在绘制此类路径时，先将鼠标指针放置在绘制直线路径的起始点处，单击以定义第一个锚点的位置，在直线结束的位置处再次单击以定义第二个锚点的位置，两个锚点之间将创建一条直线型路径，如图5-9所示。

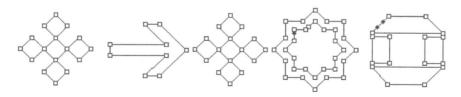

图5-9　直线型路径

> **提 示**
>
> 在绘制路径时按住Shift键，观察是否能够绘制出水平、垂直或者呈45°角的直线型路径。

5.4.5   绘制曲线型路径

如果某一个锚点有两个位于同一条直线上的控制手柄，则该锚点被称为曲线型锚点。相应地，包含曲线型锚点的路径被称为曲线型路径。制作曲线型路径的步骤如下所述。

01 在绘制时，将钢笔光标放置在要绘制路径的起始点位置，单击鼠标左键以定义第一个点作为起始锚点，此时钢笔光标变成箭头形状。

02 当单击鼠标左键以定义第二个锚点时，按住鼠标左键并向某方向拖动鼠标指针，此时在锚点的两侧出现控制手柄，拖动控制手柄直至路径线段出现合适的曲率，按此方法不断进行绘制，即可绘制出一段段相连接的曲线路径。

在拖动鼠标指针时，控制手柄的拖动方向及长度决定了曲线段的方向及曲率。图5-10所示为不同控制手柄的长度及方向对路径效果的影响。

图5-10　路径效果

5.4.6   绘制拐角型路径

拐角型锚点具有两个控制手柄，但两个控制手柄不在同一条直线上。通常情况下，如果某锚点具有两个控制手柄，则两个控制手柄在一条水平线上并且会相互影响，即当拖动其中一个手柄时，另一个手柄将向相反的方向移动，在此情况下无法绘制出包含拐角型锚点的拐角型路径，如图5-11所示。

绘制拐角型路径的步骤如下所述。

01 按照绘制曲线型路径的方法定义第二个锚点，如图5-12所示。

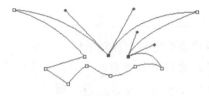

图5-11　拐角型路径　　　　　　　　　图5-12　定义锚点

02 在未释放鼠标左键前按住Alt键，此时仅可以移动一侧手柄而不会影响到另一侧手柄，如图5-13所示。

03 先释放鼠标左键再释放Alt键，绘制第三个锚点，如图5-14所示。

图5-13　移动一侧手柄　　　　　　　　　图5-14　绘制锚点

▶ 5.4.7　经验之谈——路径在排版软件中的应用

　　很多版式设计作品中，如报纸、杂志、书刊，甚至文字量较大的广告中，都涉及到大量的排版工作，其中经常做的工作之一就是将图像的背景抠除。对于在Photoshop中的路径，也可以输出到排版软件中使用，以便于进行快速的抠除处理。例如在InDesign软件中，就可以通过"剪贴路径"功能读取图像中附带的路径或通道进行抠图处理。另外，若是置入PSD格式的图像，且该图像中包含镂空，那么可以直接显示在InDesign软件中，对于快速完成镂空排版工作有很大的帮助。

5.5　选择路径

　　选择路径是经常进行的操作之一。Photoshop提供了两种用于选择路径的工具，分别是"直接选择工具" 和"路径选择工具" 。

　　利用"路径选择工具" 只能选择整条路径。在整条路径被选中的情况下，路径上的锚点全部显示为黑色小正方形，如图5-15所示。在这种状态下可以方便地对整条路径执行移动、变换等操作。

　　利用"直接选择工具" 可以选择路径的一个或者多个锚点，如果单击并拖动锚点还可以改变其位置。使用此工具既可以选择一个锚点，也可以通过框选多个锚点进行编辑。当处于被选定的状态中时，锚点显示为黑色小正方形，未选中的锚点则显示为空心小正方形，如图5-16所示。

图5-15　显示锚点　　　　　　　　　图5-16　未选中的锚点

5.6 编辑路径锚点

5.6.1 添加与删除锚点

使用"添加锚点工具"和"删除锚点工具"，可以从路径中添加或者删除锚点。

（1）如果要添加锚点，则选择"添加锚点工具"，将鼠标指针放置在要添加锚点的路径上，如图5-17所示，单击鼠标左键。

（2）如果要删除锚点，则选择"删除锚点工具"，将鼠标指针放置在要删除的锚点上，如图5-18所示，单击鼠标左键。

图5-17　添加锚点

图5-18　删除锚点

5.6.2 转换锚点

直角型锚点、光滑型锚点与拐角型锚点是路径中的三大类锚点，在工作中往往需要在这三类锚点之间进行切换。

（1）要将直角型锚点改变为光滑型锚点，可以选择"转换点工具"，将鼠标指针放置在需要更改的锚点上，然后拖动此锚点（拖动时两侧的控制手柄都会动）。

（2）要将光滑型锚点改变为直角型锚点，则使用"转换点工具"单击此锚点。

（3）要将光滑型锚点改变为拐角型锚点，则使用"转换点工具"拖动锚点两侧的控制手柄（只对操作的控制手柄有变化）。

图5-19所示为原路径状态，图5-20～图5-22所示分别为将直角型锚点改变为光滑型锚点、将光滑型锚点改变为直角型锚点以及将光滑型锚点改变为拐角型锚点时的状态。

图5-19　原路径状态

图5-20　光滑型锚点

图5-21　直角型锚点

图5-22　拐角型锚点

实例：使用"钢笔工具"绘制矢量插画

源　文　件：	源文件\第5章\5.6.psd
视频文件：	视频\5.6.avi

　　本实例中包括了两个较复杂的路径：人形路径和蝴蝶形路径。如果无法绘制出这些路径，可以打开本例的最终效果文件直接调用。

图5-23　绘制渐变

01 按Ctrl+N组合键新建一个文件，在弹出的对话框中分别设置宽度和高度的数值为481像素和592像素，分辨率为72像素/英寸，颜色模式为8位RGB模式，背景为"白色"，单击"确定"按钮退出对话框即可。

02 设置前景色的颜色值为#182d4f，背景色的颜色值为#98d2d4，选择"线性渐变工具" 并设置渐变样本为前景到背景，从图像的顶部至底部绘制渐变，得到图5-23所示的效果。

03 选择"钢笔工具" 并设置其工具选项栏如图5-24所示。用"钢笔工具" 在图像的左下角单击添加一个节点，在偏右上的位置单击并按住鼠标左键进行拖动，直至得到如图5-25所示的状态，释放鼠标左键。

🔍 提 示

　　如果绘制的路径位置有所偏差或需要调整，可以使用"直接选择工具" 选中并拖动需要调整的锚点，或直接拖动锚点两侧的控制手柄即可进行调整；如果要整体移动路径的位置，可以使用"选择工具" 在路径中单击即可将整个路径选中，按住鼠标拖动即可移动路径的位置。

---

04 按照上一步的方法在右侧继续添加节点并拖动，得到如图5-26所示的效果。图5-27所示为按照上述方法绘制得到的一个封闭的路径状态。切换至"路径"面板将其保存为"径1"。

图5-24　"钢笔工具"选项栏

图5-25　绘制第2个节点

图5-26　绘制第3个节点

图5-27　完成上半段曲线路径

05 按Ctrl+Enter组合键将当前路径转换为选区。设置前景色的颜色值为#83c1d0，背景色的颜色值为#c4e6e9，选择"线性渐变工具" 并设置其渐变样本为前景到背景，从选区的顶部至底部绘制渐变，得到如图5-28所示的效果。按Ctrl+D组合键取消选区。

06 按照上述方法再制作两个曲线图像和中间的人物路径，分别制作得到如图5-29、图5-30和图5-31所示的效果，同时得到"路径2"、"路径3"和"路径4"。

　　下面介绍制作灯塔及塔顶的发光效果。

07 继续用"钢笔工具" ，并按照上述方法，在图像左侧综合绘制直线和曲线路径，得到如图5-32
所示的灯塔路径，同时将其保存为"路径5"。

图5-28　第1次绘制渐变

图5-29　第2次绘制渐变

图5-30　第3次绘制渐变

图5-31　第4次绘制渐变

图5-32　绘制灯塔路径

08 按Ctrl+Enter组合键将当前路径转换为选区，设置前景色为白色，选择"线性渐变工具" 并
设置其渐变样本为前景到透明，从选区的顶部至底部绘制渐变，按Ctrl+D组合键取消选区，
得到如图5-33所示的效果。

09 使用"路径选择工具" 选择并拖动"路径5"中的灯塔路径以将其置于不同的位置，按照
上几步的方法绘制渐变，直至得到如图5-34所示的效果。

10 使用本章5.5节示例中创建的用于绘制太阳的渐变，在各个灯塔上绘制发光效果，得到如图5-35
所示的效果。

图5-33　绘制渐变

图5-34　绘制其他渐变

图5-35　添加发光效果

11 按照上述方法在图像中绘制如图5-36所示的曲线路径和蝴蝶路径，将其转换为选区后填充为白色，得到图5-37所示的最终效果。

图5-36　绘制路径

图5-37　最终效果

可以尝试在每次绘制路径后，不将其转换为选区并填充渐变，而是单击"图层"面板下方的"创建新的填充或调整图层"按钮，在弹出的菜单中执行"渐变"命令，然后在其中设置渐变及相关参数，制作出与上面实例相同的效果。

5.7　设置路径的填充与描边

▶ 5.7.1　填充路径

为路径填充实色的方法非常简单。选择需要进行填充的路径，然后单击"路径"面板底部的"用前景色填充路径"按钮 ●，即可为路径填充前景色。图5-38（a）所示为在一幅黄昏画面中绘制的树形路径，图5-38（b）所示为使用此方法为路径填充颜色后的效果。

（a）为路径填充颜色前

（b）为路径填充颜色后

图5-38　填充实色

如果要控制填充路径的参数及样式，可以按住Alt键单击"用前景色填充路径"按钮 ●，或者单击"路径"面板右上角的 按钮，在弹出的菜单中执行"填充路径"命令，弹出如图5-39所示的"填充路径"对话框。

此对话框的上半部分与"填充"对话框相同，其参数的作用和应用方法也相同，此处不再赘述。

"填充路径"对话框中各参数释义如下。

- 羽化半径：在此数值框中键入大于0的数值，可以使填充具有柔边效果。
- 消除锯齿：可以消除填充时的锯齿。

可以尝试为图5-38中所示的路径填充一个图案。

图5-39 "填充路径"对话框

5.7.2 描边路径

默认情况下，单击"路径"面板底部的"用画笔描边路径"按钮 后，就会以当前选择的绘图工具进行描边路径操作，如果按住Alt键单击该按钮会弹出如图5-40所示的对话框。

在"描边路径"对话框的"工具"下拉列表中，列出了所有可用于描边路径的工具，选择适当的工具后，单击"确定"按钮即可沿当前路径进行描边路径。

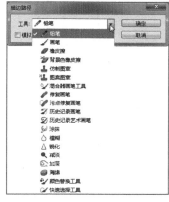

图5-40 "描边路径"对话框

实例：结合路径与画笔绘制拖尾效果

源 文 件：	源文件\第5章\5.7.2.psd
视频文件：	视频\5.7.2.avi

本例将通过绘制路径并为其描边，得到一个漂亮的拖尾图像效果。

01 打开随书所附光盘中的文件"源文件\第5章\ 5.7.2-素材.tif"，如图5-41所示。

02 选择"钢笔工具" 并在其工具选项栏上选择"路径"选项，在图像中绘制一条如图5-42所示的路径。切换至"路径"面板并将当前"工作路径"保存为"路径1"。

图5-41 素材图像

图5-42 按照方法绘制路径

创意大学
Photoshop CS6标准教材

> ### 🔍 提 示
>
> 　　在绘制路径时要按照白色箭头指的方向进行绘制，否则可能得到反方向描边的效果。
> 　　通常拖尾效果是从头到尾进行从大到小的渐隐效果，而一次性使用画笔描边又无法得到满意的效果，所以可以采用多次描边的方法制作出来。在绘制较小的笔画时，"渐隐"数值要设置得大一些，在绘制较大的笔画时"渐隐"数值要设置得小一些，这样才能体现出从粗到细的拖尾效果。

03 选择"画笔工具" ✐并在其工具选项栏上设置其模式为"叠加"。按F5键显示"画笔"面板，按照图5-43所示进行参数设置，单击"路径"面板底部的"用画笔描边路径"按钮 ◯，再单击面板中的空白区域以隐藏路径线，得到如图5-44所示的效果。

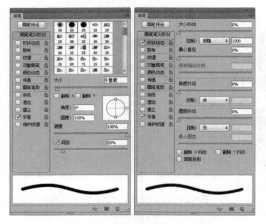
　　图5-43　设置"画笔"面板的参数

　　图5-44　第1次描边路径后的效果

04 在"画笔"面板中分别按照图5-45所示进行参数设置，单击"路径"面板底部的"用画笔描边路径"按钮 ◯，再次单击面板中的空白区域以隐藏路径线，得到如图5-46所示的效果。

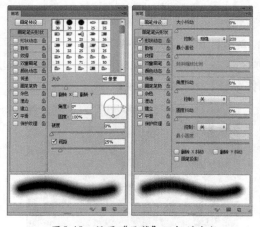
　　图5-45　设置"画笔"面板的参数

　　图5-46　第2次描边路径后的效果

05 在"画笔"面板中分别按照图5-47所示进行参数设置，单击"路径"面板底部的"用画笔描边路径"按钮 ◯，再单击面板中的空白区域以隐藏路径线，得到如图5-48所示的效果。

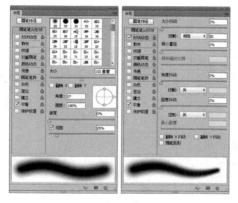

图5-47 设置"画笔"面板的参数

图5-48 第3次描边路径后的效果

打开随书所附光盘中的文件"源文件\第5章\ 5.7.2-2-素材.tif"，如图5-49所示，将其定义成为画笔，然后在拖尾的始端绘制得到如图5-50所示的效果。

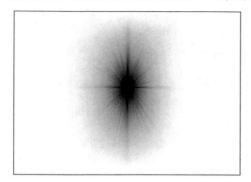

图5-49 素材图像

图5-50 最终效果

5.8 设置形状的填充及描边

在Photoshop CS6中，可以直接为形状图层设置多种渐变及描边的颜色、粗细、线型等属性，从而更加方便地对矢量图形进行控制。

要为形状图层中的图形设置填充或描边属性，可以在"图层"面板中选择相应的形状图层，然后在工具箱中选择任意一种形状绘制工具或"路径选择工具" ，在工具选项栏上即可显示类似如图5-51所示的参数。

图5-51 工具选项栏

- 填充或描边颜色：单击填充颜色或描边颜色按钮，在弹出的类似如图5-52所示的面板中可以选择形状的填充或描边颜色，其中可以设置的类型为无、纯色、渐变和图案4种。
- 描边粗细：此处可以设置描边的线条粗细数值。图5-53所示（在此图中，形状的上方叠加一幅图像，图像的形状与路径是完全相同的）是将描边颜色设置为黑色，且描边粗细为6点时得到的效果。
- 描边线型：在此下拉列表中（如图5-54所示），可以设置描边的线型、对齐方式、端点及角点

的样式。图5-55所示是将描边设置为虚线时的效果。

可以尝试自定义一个描边效果，并修改描边的粗细，直至得到类似图5-56所示的效果。

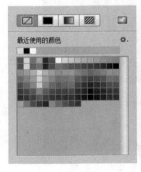

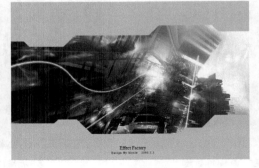

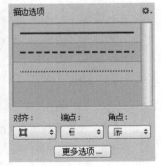

| 图5-52　面板 | 图5-53　描边效果 | 图5-54　描边选项 |

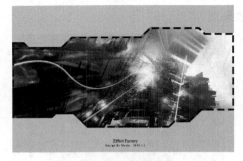

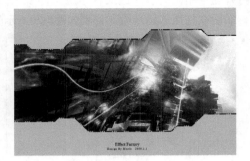

| 图5-55　虚线效果 | 图5-56　描边效果 |

5.9 路径与选区的转换

▶ 5.9.1 将路径转换为选区

要将路径转换为选区，则先在"路径"面板中选择需要转换为选区的路径，然后单击"将路径作为选区载入"按钮 ▨ 或者按Ctrl+Enter组合键即可。图5-57所示是将路径转换为选区的操作示例。

| （a）要转换为选区的路径 | （b）转换为选区 |

图5-57　"建立选区"对话框

如果需要设置将路径转换为选区的参数，可以执行"路径"面板菜单中的"建立选区"命

令，弹出如图5-58所示的"建立选区"对话框。

对话框中各参数释义如下。

- 羽化半径：在该数值框中键入数值，可以设置转换为选区的羽化半径；如果不需要羽化，则将该数值设置为0。
- 消除锯齿：选中该复选框，可以消除选区的锯齿显示。
- "操作"选项组：如果已经存在一个选区，可以在该选项组中选中相应的单选按钮，按加、减、交的方式进行运算以得到不同的选区。

图5-58 "建立选区"对话框

> 🔍 **提示**
>
> 如果一条路径中包含多个路径组件，则这些路径组件将同时被转换为选区。

▶ 5.9.2 将选区转换为路径

路径与选区间能够相互转换，因此可以通过绘制精确的路径从而得到精确的选区，也可以通过制作选区得到使用"钢笔工具" 🖊 不易得到的路径。

在理论上，可以使用"钢笔工具" 🖊 绘制出任何形状的路径，但在某些情况下，使用"钢笔工具" 🖊 绘制路径并不是最简捷的方法。例如，绘制围绕某图层非透明区域的路径，在此情况下可以由选区直接得到路径，其操作步骤如下所述。

01 打开随书所附光盘中的文件"源文件\第5章\5.9.2-素材.psd"。本例中制作了一个文字形状的选区，如图5-59所示。

02 单击"路径"面板底部的"从选区生成工作路径"按钮 ◇ ，或者执行"路径"面板弹出菜单中的"建立工作路径"命令，即可得到如图5-60所示的路径。

图5-59 文字形状的选区

图5-60 "路径"面板

03 图5-61所示为将路径向左侧移动并填充实色后的效果。

04 与直接单击"从选区生成工作路径"按钮 ◇ 不同的是，执行"建立工作路径"命令将弹出如图5-62所示的"建立工作路径"对话框。

05 对话框中的"容差"数值决定了路径所包括的定位点数，默认的"容差"数值为2像素，可以指定的"容差"数值范围是0.5～10像素。

06 如果键入一个较高的"容差"数值，则用于定位路径形状的锚点比较少，得到的路径比较平滑；如果键入一个较低的"容差"数值，则用于定位路径形状的锚点比较多，得到的路径不够平滑。

图5-61　移动及填充效果　　　　　　　　　　图5-62　"建立工作路径"对话框

5.10 拓展练习——完善汽车海报的矢量绘图

源 文 件：	源文件\第5章\5.10.psd
视频文件：	视频\5.10.avi

在制作本例的过程中，主要是利用"形状工具"绘制和编辑各个箭头图形，操作步骤如下所述。

01 打开随书所附光盘中的文件"源文件\第5章\5.10-素材.psd"，如图5-63所示。此时"图层"面板如图5-64所示。隐藏"组1"，选择组"背景"。

图5-63　素材图像

图5-64　"图层"面板

02 下面将结合"钢笔工具" ✐ 及其路径运算功能，在图像的右侧绘制几个图形。选择"钢笔工具" ✐，并在其工具选项栏中选择"路径"选项，然后在画布的右侧绘制如图5-65所示的路径。切换至"路径"面板，将当前工作路径保存为"路径1"，再切换回"图层"面板。

03 在"钢笔工具" ✐ 选项栏中选择"合并形状"选项，按照上面的操作方法，继续在拐角箭头的外侧边缘绘制另外一条侧边路径，如图5-66所示。单独效果如图5-67所示。

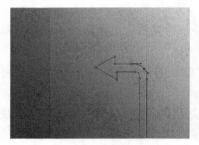

图5-65　绘制路径

图5-66　绘制侧边路径

图5-67　侧边路径的单独效果

04 按照上面的方法绘制竖直的箭头路径和侧边路径，如图5-68所示。图5-69所示是竖直的箭头及侧边路径的状态，图5-70所示是此时箭头位置的局部图像效果。

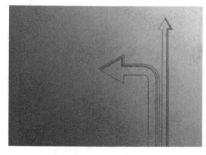 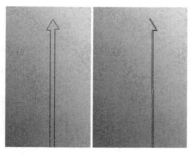 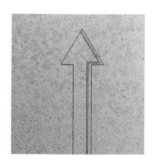

图5-68　绘制竖直的箭头路径和侧边路径　　图5-69　竖直箭头路径及侧边路径　　图5-70　局部放大效果

　　路径绘制完毕后，下面将为当前路径填充内容。为保证图像的矢量属性，下面创建一个渐变填充图层。

05 显示上一步绘制的路径，单击"创建新的填充或调整图层"按钮 ，在弹出的菜单中执行"渐变"命令，设置弹出的对话框如图5-71所示，得到如图5-72所示的效果。

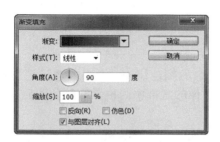 

图5-71　"渐变填充"对话框　　　　　　图5-72　为路径填充渐变色后的效果

🔍 **提示**

在"渐变填充"对话框中，渐变类型为"从083b50到4494af"。

06 确认当前至少载入了"箭头"形状组，然后确认当前已经选中了图层"渐变填充1"。选择"自定形状工具" ，并在其工具选项栏中选择"形状"选项以及"减去顶层形状"选项，在图像中单击鼠标右键，在弹出的形状选择框中选择形状"箭头2"，如图5-73所示。按住Shift键在拐角箭头的箭头处绘制一个直角小箭头，如图5-74所示。

07 使用"路径选择工具" ，按Alt+Shift组合键向右侧拖动刚刚绘制的箭头，沿水平方向向右复制出一个箭头路径，如图5-75所示。

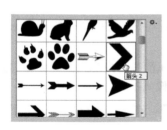 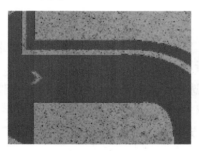 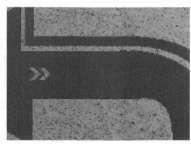

图5-73　设置工具选项栏并选择形状　　图5-74　绘制箭头　　　　图5-75　向右复制箭头

08 再次使用"路径选择工具" 🔲将刚刚得到的两个装饰性箭头选中，按Ctrl+Alt＋T组合键调出自由变换控制框并复制图像，按住Shift键将其向右侧移动一定距离，如图5-76所示，按Enter键确认操作。按Ctrl+Alt+Shift+T组合键执行"连续变换并复制"操作3次，得到如图5-77所示的效果。

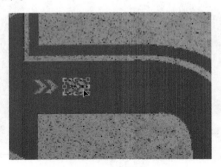 

图5-76　变换并复制箭头　　　　　　　　　　　图5-77　连续变换并复制图形

🔍 **提 示**

　　与上面的图形绘制方法略有不同，下面将使用Photoshop自带的箭头形状来制作另外一个主体图形的内容，而且由于此次绘制的图形只需为单色即可，在绘制时不必先绘制路径再填充颜色，只需直接绘制形状。

09 按Esc键隐藏当前画面中显示的路径，设置前景色的颜色值为d2f1f3，选择"自定形状工具"🔲并选择形状"箭头18"，按住Shift键在图像的底部中间位置绘制如图5-78所示的形状，同时得到图层"形状1"。

10 使用"直接选择工具" 🔲选中箭头尾部最右侧的两个锚点，按住Shift键将其向右侧拖动至如图5-79所示的位置。

 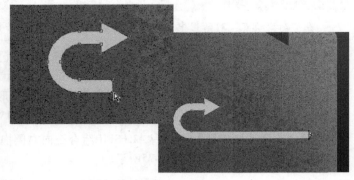

图5-78　绘制拐角箭头　　　　　　　　　　　　图5-79　编辑锚点

11 选择"矩形工具" 🔲，在其工具选项栏中选择"合并形状"选项，在"形状1"中的箭头下方绘制一条横线，如图5-80所示。

12 在"矩形工具" 🔲选项栏中选择"减去顶层形状"选项，分别在箭头的内部绘制两条横向的矩形，得到如图5-81所示的效果，图5-82所示是隐藏路径后的图像效果。

13 参考前面介绍的绘制图形的方法，保持前景色的颜色值为d2f1f3，在上一步绘制的箭头下方再绘制如图5-83所示的形状，同时得到图层"形状2"。

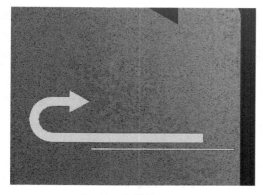

图5-80　绘制横线

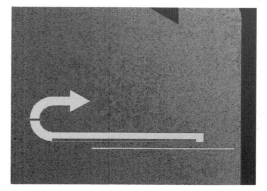

图5-81　绘制减选形状

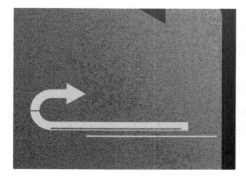

图5-82　隐藏路径后的效果

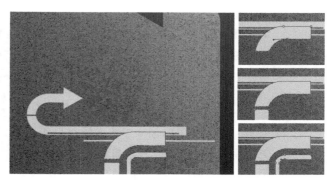

图5-83　绘制形状及其效果

14 显示"组1"，本例的最终效果如图5-84所示。对应的"图层"面板如图5-85所示。

图5-84　最终效果

图5-85　"图层"面板

5.11　本章小结

本章主要介绍了Photoshop中使用"钢笔工具"、"图形工具"、"路径选择工具"、"直接

选择工具"以及"路径"面板等，绘制与编辑图形的方法。通过本章的学习，读者应对路径的基本概念、组成等有一个充分的了解，能够熟练使用"钢笔工具"、"图形工具"等绘制得到各种简单的图形或抠选对象，同时，还应该能够熟练使用"路径"面板对路径进行新建、保存及删除等管理操作。

5.12　课后习题

1. 单选题

（1）当单击"路径"面板下方的"用画笔描边路径"图标时，若想弹出"选择描边工具"的对话框，应按住下列（　　）键。

    A．Alt   B．Ctrl

    C．Shift+Ctrl   D．Alt+Ctrl

（2）在按住（　　）功能键的同时单击"路径"面板中的填充路径图标，会出现"填充路径"对话框。

    A．Shift   B．Alt

    C．Ctrl   D．Shift+Ctrl

（3）使用"钢笔工具"创建直线点的方法是（　　）。

    A．用"钢笔工具"直接单击

    B．用"钢笔工具"单击并按住鼠标键拖动

    C．用"钢笔工具"单击并按住鼠标键拖动使之出现两个把手，然后按住Alt键单击

    D．按住Alt键的同时用"钢笔工具"单击

（4）若将曲线点转换为直线点，应采用下列（　　）操作。

    A．使用"选择工具"单击曲线点   C．使用"转换点工具"单击曲线点

    B．使用"钢笔工具"单击曲线点   D．使用"铅笔工具"单击曲线点

2. 多选题

（1）下列关于矢量信息和像素信息的描述，（　　）是不正确的。

    A．Photoshop只能存储像素信息，而不能存储矢量数据

    B．矢量图和像素图之间可以任意转换

    C．使用"钢笔工具"不可以直接绘制图像，但可以通过先绘制形状，然后以将其栅格化的方式获得图像

    D．矢量图是由路径组成的，像素图是由像素组成的

（2）下列关于路径的描述正确的是（　　）。

    A．路径可以用"画笔工具"进行描边

    B．当对路径进行填充颜色的时候，不可以创建镂空的效果

    C．"路径"面板中路径的名称可以随时修改

    D．路径可以随时转换为浮动的选区

（3）关于存储路径，以下说法正确的是（　　）。

    A．双击当前工作路径，在弹出的对话框中键入名字即可存储路径

    B．工作路径是临时路径，当隐藏路径后重新绘制路径，工作路径将被新的路径覆盖

C. 绘制工作路径后，新建路径，工作路径将被自动保存

D. 绘制路径后，单击"路径"面板右上角的箭头，在弹出菜单中执行"存储路径"命令，可以保存路径

3. 填空题

（1）在创建形状时，单击工具选项栏的_____按钮表示正在绘制"形状"图层。

（2）使用_____工具可以选择单个路径锚点。

（3）在Photoshop CS6中，可以直接为_____设置渐变填充、图案填充以及多种描边效果。

4. 判断题

（1）Photoshop 只能存储像素信息，而不能存储矢量数据。（　　）

（2）Photoshop中若将当前使用的"钢笔工具"切换为"选择工具"，需按住Shift键。（　　）

（3）如果图像中有选区存在，可以将其转换为封闭的路径。（　　）

5. 上机操作题

（1）试使用"钢笔工具"绘制如图5-86所示的插画效果。

（2）试使用"路径绘制工具"绘制如图5-87所示的插画效果。

图5-86　插画效果

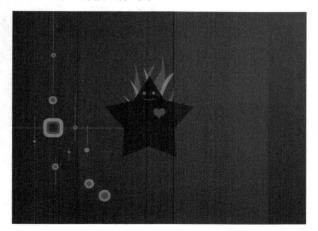
图5-87　绘制效果

第6章
变换与润饰图像

在处理图形或图像的过程中，总少不了要处理对象的形态或进行修饰、调色等。在 Photoshop CS6中，这方面的相关功能非常的丰富、完善，完全可以满足用户的任何处理需求。本章介绍这些功能的使用方法。

学习要点

- 掌握变换基本与高级操作方法
- 掌握修饰图像的方法
- 掌握修补图像的方法
- 掌握润色图像的方法

6.1 变换图像的基本操作

⏵ 6.1.1 缩放

　　执行"编辑"|"变换"|"缩放"命令，可以对选区中的图像进行缩放操作。执行此命令将使图像的四周出现变换控制框，将光标放于变换控制框中的控制句柄上，待光标显示为↘形时按下鼠标左键拖动控制句柄即可对图像进行缩放。得到合适的缩放效果后，按Enter键确认变换即可。

　　图6-1所示为原图像，图6-2所示为缩小图像后的效果。

　　　　图6-1　原图像

　　　　图6-2　缩小后的效果

🔍 **提 示**

　　如果拖动控制句柄时按住Shift键，则可按比例缩放图像。如果拖动控制句柄时按住Alt键，则可依据当前操作中心对称地缩放图像。

⏵ 6.1.2 旋转

　　执行"编辑"|"变换"|"旋转"命令，可以对选区中的图像进行旋转操作。

　　与缩放操作类似，执行此命令后当前操作图像的四周将出现变换控制框，将光标放于变换控制框边缘或控制句柄上，待光标转换为↻形时，按下鼠标拖动即可旋转图像。

🔍 **提 示**

　　如果拖动时按住Shift键，则以15°为增量对图像进行旋转。

⏵ 实例：制作迸发状图像效果

源 文 件：	源文件\第6章\6.1.2.psd
视频文件：	视频\6.1.2.avi

　　使用旋转图像功能制作迸发状图像效果的步骤如下所述。

01 打开随书所附光盘中的文件"源文件\第6章\6.1.2-素材.psd"，如图6-3所示，其对应的"图层"面板如图6-4所示。

02 选择"图层1"，并按Ctrl+T组合键弹出自由变换控制框。

03 将光标置于控制框外围，当其变为一个弯曲箭头↰时拖动鼠标，即可以中心点为基准旋转图像，如图6-5所示。按Enter键确认变换操作。

04 按照上一步的方法分别对"图层2"和"图层3"中的图像进行旋转，直至得到如图6-6所示的效果。

图6-3 素材文件

图6-4 "图层"面板

图6-5 旋转图像

图6-6 旋转效果

> **提 示**
>
> 　　如果需要按15°的增量旋转图像，可以在拖动鼠标的同时按住Shift键，得到需要的效果后，双击变换控制框即可。
>
> 　　如果要将图像旋转180°，可以执行"编辑"|"变换"|"旋转180度"命令。如果要将图像顺时针旋转90°，可以执行"编辑"|"变换"|"旋转90度（顺时针）"命令。如果要将图像逆时针旋转90°，可以执行"编辑"|"变换"|"旋转90度（逆时针）"命令。

▶ 6.1.3　斜切

　　执行"编辑"|"变换"|"斜切"命令，可以对选区中的图像进行斜切操作。此操作类似于扭曲操作，其不同之处在于：在扭曲变换操作状态下，变换控制框中的控制句柄可以按任意方向移动；在斜切变换操作状态下，变换控制框中的控制句柄只能在变换控制框边线所定义的方向上移动。

▶ 6.1.4　扭曲

　　执行"编辑"|"变换"|"扭曲"命令，可以对选区中的图像进行扭曲变形操作。在此情况下图像四周将出现变换控制框，拖动变换控制框中的控制句柄，即可对图像进行扭曲操作。

图6-7所示为扭曲图像的操作过程。

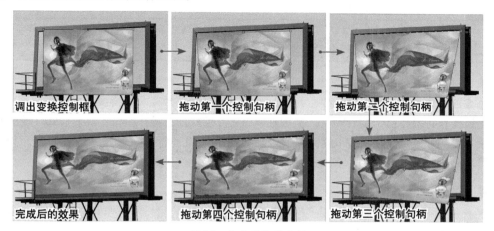

图6-7　扭曲图像的过程

6.1.5　透视

通过对图像执行"透视变换"命令，可以使图像获得透视效果，其操作方法如下所述。

01 打开随书所附光盘中的文件"源文件\第6章\6.1.5-素材.psd"，如图6-8所示。执行"编辑"|"变换"|"透视"命令。

02 将光标移至变换控制控制句柄上，当光标变为一个箭头 ▷ 时拖动鼠标，即可使图像发生透视变形。

03 得到需要的效果后释放鼠标，并双击变换控制框以确认透视操作。

图6-9所示效果为执行此命令并结合图层操作，制作出的具有空间透视效果的图像。图6-10所示为在变换时的自由变换控制框状态。

图6-8　素材图像

图6-9　制作的透视效果

图6-10　自由变换控制框状态

6.2 高级变换处理

▶ 6.2.1 再次变换图像

如果已进行过任何一种变换操作，可以执行"编辑"|"变换"|"再次"命令，以相同的参数值再次对当前操作图像进行变换操作，执行此命令可以确保前后两次变换操作的效果相同。例如，上一次变换操作将操作图像旋转90°，执行此命令则可以对任意操作图像完成旋转90°的操作。

如果在执行此命令时按住Alt键，则可以对被操作图像进行变换操作并进行复制。如果要制作多个副本连续变换操作效果，则此操作非常有效。

➡ 实例：制作旋转放射图形

源 文 件：	源文件\第6章\6.2.1.psd
视频文件：	视频\6.2.1.avi

下面通过一个添加背景效果的小实例介绍此操作。

01 打开随书所附光盘中的文件"源文件\第6章\6.2.1-素材.psd"，如图6-11所示。为便于操作，首先隐藏最顶部的图层。

02 选择"钢笔工具" ，在其工具选项栏上选择"形状"选项，在图中绘制如图6-12所示的形状。

  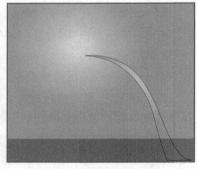

图6-11　打开素材并隐藏图层　　　　　　　　　　　　　　　　图6-12　绘制形状

03 单击"钢笔工具" 选项栏上"填充"右侧的图标 ，设置弹出的面板，如图6-13所示。此时图像的效果如图6-14所示。

04 按Ctrl+Alt+T组合键调出自由变换并复制控制框。使用鼠标将控制中心点调整到左上角的控制句柄上，如图6-15所示。

 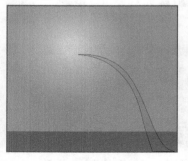 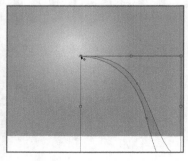

图6-13　设置面板　　　　　　图6-14　设置的效果　　　　　　图6-15　调整控制中心点

05 拖动控制框顺时针旋转-15°，可直接在工具选项栏上输入数值 △ -15.0 度，得到如图6-16所示的变换效果。

06 按Enter键确认变换操作，连续按Ctrl+Alt+Shift+T组合键执行连续变换并复制操作，直至得到如图6-17所示的效果。图6-18显示图像整体的状态，图6-19显示步骤1隐藏图层后的效果，对应的"图层"面板如图6-20所示。

可以尝试通过改变变换时的角度，来制作图6-21所示的效果。

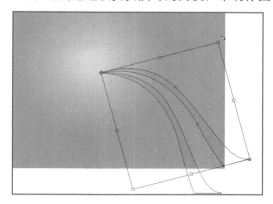

图6-16　变换效果

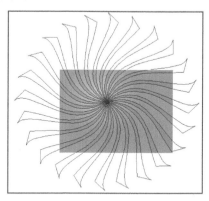

图6-17　变换及复制效果

图6-18　图像整体状态

图6-19　隐藏图层效果

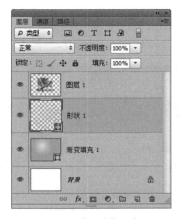

图6-20　"图层"面板

图6-21　制作效果

▶ 6.2.2 变形图像

执行"变形"命令可以对图像进行更为灵活、细致的变换操作,如制作页面折角及翻转胶片等效果。执行"编辑"|"变换"|"变形"命令即可调出变形控制框,同时工具选项栏将显示为如图6-22所示的状态。

图6-22 工具选项栏

在调出变形控制框后,可以采用两种方法对图像进行变形操作。

（1）直接在图像内部、锚点或者控制手柄上拖动,直至将图像变形为所需的效果。

（2）在工具选项栏中（如图6-23所示）的"变形"下拉菜单中选择适当的形状。

"变形工具"选项栏中的各参数如下所述。

* 变形:在其下拉菜单中可以选择15种预设的变形类型。如果选择"自定"选项,则可以随意对图像进行变形操作。
* "更改变形方向"按钮 :单击该按钮,可以改变图像变形的方向。
* 弯曲:键入正值或者负值,可以调整图像的扭曲程度。
* H、V:键入数值,可以控制图像扭曲时在水平和垂直方向上的比例。

图6-23 选择形状

🔍 **提 示**

在选择了预设的变形选项后,则无法再随意对变形控制框进行编辑。

🔁 实例:合成创意云彩图像

源 文 件:	源文件\第6章\6.2.2.psd
视频文件:	视频\6.2.2.avi

下面将以一个简单实例来介绍变形功能的使用方法。在此实例中,主要是将一幅照片中的云彩图像通过变形功能转换为拖影效果。

01 打开随书所附光盘中的文件"源文件\第6章\6.2.2-素材.jpg",如图6-24所示。首先扭曲云彩图像。使用"套索工具" 沿云彩图像上方绘制选区以将其选中,如图6-25所示。

图6-24 素材文件   图6-25 绘制选区

02 执行"编辑"|"变换"|"变形"命令以调出变形控制框，如图6-26所示。然后在控制区域内拖动，此时变形控制框将变为如图6-27所示的状态。

图6-26 调出变形控制框

图6-27 拖动变形控制框

03 按Enter键确认变形操作，再按Ctrl+D组合键取消选区，得到如图6-28所示的效果。

04 如图6-29所示为按照第1~3步的操作方法，制作的另外一款拖影效果。

图6-28 取消选区

图6-29 制作拖影效果

6.2.3 更精细的变形处理方案——操控变形

操控变形功能以更细腻的网格、更自由的编辑方式，提供了极为强大的图像变形处理功能。在选中要变形的图像后，执行"编辑"|"操控变形"命令，即可调出其网格，此时的工具选项栏如图6-30所示。

图6-30 工具选项栏

"操控变形"命令选项栏的参数介绍如下。

- 模式：在此下拉列表中选择不同的选项，变形的程度也各不相同。图6-31所示是分别选择不同选项，将人物手臂拖至相同位置时的不同变形效果。
- 浓度：此处可以选择网格的密度。越密的网格占用的系统资源就越多，但变形也越精确，在实际操作时应注意根据情况进行选择。
- 扩展：在此输入数值，可以设置变形风格相对于当前图像边缘的距离，该数值可以为负数，

即可以向内缩减图像内容。

- 显示网格：选中此复选框时，将在图像内部显示网格，反之则不显示网格。
- "将图钉前移"按钮：单击此按钮，可以将当前选中的图钉向前移一个层次。
- "将图钉后移"按钮：单击此按钮，可以将当前选中的图钉向后移一个层次。
- 旋转：在此下拉列表中选择"自动"选项，则可以手动拖动图钉以调整其位置，如果在后面的输入框中输入数值，则可以精确地定义图钉的位置。
- "移去所有图钉"按钮：单击此按钮，可以清除当前添加的图钉，同时还会复位当前所做的所有变形操作。

图6-31 变形效果

在调出变形网格后，光标将变为 ✦ 状态，此时在变形网格内部单击即可添加图钉，用于编辑和控制图像的变形。以图6-32所示的图像为例，选中人物所在的图层后，执行"编辑"|"操控变形"命令，即调出如图6-33所示的网格。图6-34所示是添加并编辑图钉后的变形效果。

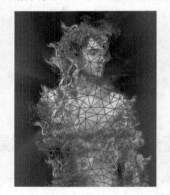

图6-32 原图像　　　　　　图6-33 调出的网络　　　　　　图6-34 变形效果

> **提示**
>
> 在进行操控变形时，可以将当前图像所在的图层转换为智能对象图层，这样所做的操控变形就可以记录下来，以供下次继续进行编辑。

可以尝试利用操控变形功能，对上面救命中的火焰图像进行变形处理，直至得到类似图6-35所示的效果。

图6-35 变形处理效果

6.3　修补图像

▶ 6.3.1　内容感知移动工具

　　Photoshop CS6中新增的"内容感知移动工具" ✖ 的特点就是可以将选中的图像移至其他位置，并根据原图像周围的图像对其所在的位置进行修复处理，其工具选项栏如图6-36所示。

图6-36　工具选项栏

- 模式：在此下拉列表中选择"移动"选项，则仅针对选区内的图像进行修复处理；若选择"扩展"选项，则Photoshop会保留原图像，并自动根据选区周围的图像进行自动的扩展修复处理。
- 适应：在此下拉列表中，可以选择在修复图像时的严格程度，其中包含5个选项供选择。

　　以图6-37所示的图像为例，图6-38所示是将选区中的图像向右侧拖动后的效果。从中可以看出，原图像的位置被自动填充了图像内容。

图6-37　原图像

图6-38　拖动效果

▶ 6.3.2　仿制图章工具

　　"仿制图章工具" 🖈 选项栏如图6-39所示。

图6-39　工具选项栏

　　在使用"仿制图章工具" 🖈 进行复制的过程中，图像参考点位置将显示一个十字准心，而在操作处将显示"仿制图章工具" 🖈 图标或代表笔刷大小的空心圆，在"对齐"选项被选中的情况下，十字准心与操作处显示的图标或空心圆间的相对位置与角度不变。

　　"仿制图章工具" 🖈 选项栏的重要参数含义如下所述。

- 对齐：在此复选框被选中的状态下，整个取样区域仅应用一次，即使操作由于某种原因而停止，再次使用"仿制图章工具" 🖈 进行操作时，仍可从上次操作结束时的位置开始；如果未选中此复选框，则每次停止操作后再继续绘画时，都将从初始参考点位置开始应用取样区域。
- 样本：在此下拉列表中，可以选择定义源图像时所取的图层范围，其中包括"当前图层"、"当前和下方图层"以及"所有图层"3个选项，从其名称上便可以轻松理解在定义样式时所

使用的图层范围。

- "忽略调整图层"按钮█: 在"样本"下拉列表中选择了"当前和下方图层"或"所有图层"选项时, 该按钮将被激活, 单击后将在定义源图像时忽略图层中的调整图层。

实例: 使用"仿制图章工具"增加衣服花纹

源 文 件:	源文件\第6章\6.3.2.psd
视频文件:	视频\6.3.2.avi

使用"仿制图章工具"█复制图像的操作步骤如下所述。

01 打开随书所附光盘中的文件"源文件\第6章\6.3.2-素材1.tif", 如图6-40所示。再打开随书所附光盘中的文件"源文件\第6章\6.3.2-素材2.tif", 如图6-41所示。

02 使用"磁性套索工具"█沿人物身体边缘绘制选区, 直至将人物完全选中, 如图6-42所示。

> 🔍 **提 示**
>
> 在使用"仿制图章工具"的过程中, 可以使用选区来限制它复制图像的区域, 从而避免将花纹图像涂抹至人物衣服以外的区域。

图6-40 衣服花纹素材图像　　　　　图6-41 人物素材图像　　　　图6-42 绘制选区

03 切换到第1步打开的"源文件\第6章\6.3.2-素材1.tif"图像中, 在工具箱中选择"仿制图章工具"█, 设置其工具选项栏为 █。

> 🔍 **提 示**
>
> 在此将"仿制图章工具"█的混合模式设置为"变暗"是为了在复制花纹的同时, 更好地与人物图像融合在一起。

04 选择"仿制图章工具"█, 按住Alt键在衣服花纹上单击, 以定义要复制的花纹图像, 如图6-43所示。

> 🔍 **提 示**
>
> 只有按住Alt键在图像中单击才能够定义要复制的区域, 因此如果操作时要改变被复制的区域, 可以再次按住Alt键单击图像的不同位置。

05 切换到第1步打开的"源文件\第6章\6.3.2-素材2.tif"图像中, 使用"仿制图章工具"█在人物的身上进行涂抹, 以将第4步复制的花纹图像仿制到白色衣服上, 如图6-44所示。

06 按照上一步的方法反复在图像中进行涂抹, 直至得到满意的效果为止, 按Ctrl+D组合键取消选区, 如图6-45所示。

图6-43　定义源图像

图6-44　在选区内涂抹

图6-45　最终效果

6.3.3　修复画笔工具

"修复画笔工具"的最佳操作对象是有皱纹或雀斑等的照片，或者有污点、划痕的图像，因为该工具能够根据要修改点周围的像素及色彩将其完美无缺地复原，而不留任何痕迹。此工具的选项栏如图6-46所示。

图6-46　工具选项栏

"修复画笔工具"选项栏中的重要参数如下所述。

- 取样：用取样区域的图像修复需要改变的区域。
- 图案：用图案修复需要改变的区域。

实例：修复人物的眼袋

源　文　件：	源文件\第6章\6.3.3.psd
视频文件：	视频\6.3.3.avi

使用"修复画笔工具"修复眼袋的具体操作步骤如下所述。

01 打开随书所附光盘中的文件"源文件\第6章\6.3.3-素材.jpg"。

02 选择"修复画笔工具"，在工具选项栏中设置其选项。

03 在"画笔"下拉列表中选择合适大小的画笔。

提　示

画笔的大小取决于需要修补的区域大小。

04 在工具选项栏中选中"取样"单选按钮，按住Alt键在需要修改的区域单击取样，如图6-47所示。

05 释放Alt键，并将光标放置在复制图像的目标区域，按住鼠标左键拖动此工具，即可修复此区域，如图6-48所示。

可以尝试使用"修复画笔工具"修复人物鼻子两侧的颊纹，直至得到类似图6-49所示的效果。

图6-47　取样

图6-48　修复效果

图6-49　修复颊纹

▶ 6.3.4　污点修复画笔工具

"污点修复画笔工具"用于去除照片中的杂色或者污斑。此工具与下面将要介绍的"修复画笔工具"非常相似，不同之处在于使用此工具时不需要进行取样，只需在图像中有需要的位置单击即可去除该处的杂色或者污斑。

➡ 实例：快速修复人物面部的斑点

源 文 件：	源文件\第6章\6.3.4.psd
视频文件：	视频\6.3.4.avi

下面通过一个实例来介绍使用"污点修复画笔工具"修复图像的方法。

01 打开随书所附光盘中的文件"源文件\第6章\6.3.4-素材.tif"，如图6-50所示。

02 选择"污点修复画笔工具"并设置其工具选项栏中的参数为 。

🔍 提 示

在实际操作过程中，"污点修复画笔工具"的"大小"数值可以根据要修复的斑点大小来决定。

03 使用"污点修复画笔工具"在女孩脸部的斑点区域单击，如图6-51所示，释放鼠标左键即可将斑点清除，效果如图6-52所示。

图6-50　素材文件

图6-51　选择斑点

04 按照上一步的方法，将女孩脸部区域的其他斑点修除，效果如图6-53所示。

图6-52　清除效果　　　　　　　　　　　　图6-53　最终效果

▶ 6.3.5　修补工具

"修补工具" 的操作原理是先选择图像中的某一个区域，然后使用此工具拖动选区至另一个区域以完成修补工作。"修补工具" 的工具选项栏显示如图6-54所示。

图6-54　工具选项栏

工具选项栏中各参数释义如下。

- 修补：在此下拉列表中，选择"正常"选项时，将按照默认的方式进行修补；选择"内容识别"选项时，Photoshop将自动根据修补范围周围的图像进行智能修补。
- 源：选中"源"单选按钮，则需要选择要修补的区域，然后将鼠标指针放置在选区内部，拖动选区至无瑕疵的图像区域，选区中的图像被无瑕疵区域的图像所替换。
- 目标：如果选中"目标"单选按钮，则操作顺序正好相反，需要先选择无瑕疵的图像区域，然后将选区拖动至有瑕疵的图像区域。
- 透明：选中此复选框，可以将选区内的图像与目标位置处的图像以一定的透明度进行混合。
- 使用图案：在图像中制作选区后，在其"图案拾色器"面板中选择一种图案并单击 使用图案 按钮，则选区内的图像被所选图案替换掉。

📑 实例：修除纹身

源 文 件：	源文件\第6章\6.3.5.psd
视频文件：	视频\6.3.5.avi

下面介绍"修补工具" 的使用方法，其具体操作如下所述。

01 打开随书所附光盘中的文件"源文件\第6章\6.3.5-素材.jpg"。

02 选择"修补工具" ，在工具选项栏中设置其选项，如图6-55所示。

图6-55　设置选项

03 在图像中用"修补工具" 选择需要修补或覆盖的区域，如图6-56所示。

04 将光标放在选区中，按住鼠标左键并拖动选区至目标图像区域，如图6-57所示。

05 释放左键，即可用目标图像区域的图像覆盖被选中的图像，得到如图6-58所示的效果。

06 按此方法多次操作即可完整修补或覆盖图像，得到满意的效果，如图6-59所示。

图6-56 选择区域

图6-57 拖动选区

图6-58 覆盖效果

图6-59 最终效果

可以尝试使用"修补工具"与"仿制图章工具"将人物手上的蝴蝶修除，效果如图6-60所示。

图6-60 效果图像

6.4 润色图像

▶ 6.4.1 经验之谈——调色的类型

可以简单地将调色处理操作分为调整颜色的色阶、色相、饱和度3种。换言之，可以分别调整一个图像中某一区域的色阶、色相以及这一区域全部颜色或某一种颜色的饱和度。

了解调色类型，有助于将学习数十个调色命令的复杂过程简化为学习分辨色阶、色相、饱和度3种对象的简单过程。

由于Photoshop提供了大量调色命令，而这些命令在功能上有不少重合之处，因此许多初学者在学习这些命令后，如果遇到了不少调色命令都能够应对的调色任务，往往在选择调色命令时会感到茫然，有时还会盲目地选择调色命令，这无疑增加了完成调色任务的难度。

因此在学习时，不仅应该掌握每一类调色命令的步骤，还应该了解这一命令适合于调整色阶、色相、饱和度中的哪一种类型，从而在执行调色操作时有的放矢。

6.4.2 "反相"命令

执行"图像"|"调整"|"反相"命令，可以反相图像。对于黑白图像而言，执行此命令可以将其转换为底片效果；而对于彩色图像而言，执行此命令可以将图像中的各部分颜色转换为其补色。

图6-61所示为原图像。图6-62所示为执行"反相"命令后的效果。

图6-61 原图像

图6-62 反相的效果

执行此命令对图像的局部进行操作，也可以得到令人惊艳的效果。

6.4.3 "去色"命令

执行"图像"|"调整"|"去色"命令，可以删除彩色图像中的所有颜色，并将其转换为相同颜色模式下的灰度图像。

实例：突出照片局部的色彩

源 文 件：	源文件\第6章\6.4.3.psd
视频文件：	视频\6.4.3.avi

下面以一个实例来介绍执行"去色"命令制作的操作步骤。

01 打开随书所附光盘中的文件"源文件\第6章\6.4.3-素材.tif"，如图6-63所示。在这幅图像中执行此命令制作人物淡彩效果。

02 在工具箱中选择"磁性套索工具" ，沿着人物头部上的花朵的轮廓创建选区，如图6-64所示。

图6-63 原素材

图6-64 创建选区

03 按Ctrl+Shift+I组合键执行"反向"操作，执行"图像"|"调整"|"去色"命令，得到如图6-65所示的状态。

在上面的实例中，在未执行其他任何操作的情况下，执行"编辑"|"渐隐去色"命令，在弹出的对话框中设置不透明度为70%，确认后得到如图6-66所示的效果。

图6-65　去色效果　　　　　　　　　　　　　图6-66　最终效果

6.4.4　"亮度／对比度"命令

执行"图像"|"调整"|"亮度/对比度"命令，可以对图像进行全局调整。此命令属于粗略式调整命令，其操作方法不够精细，因此不能作为调整颜色的第一手段。

执行"图像"|"调整"|"亮度/对比度"命令，弹出如图6-67所示的对话框。

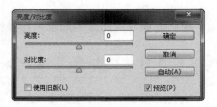

图6-67　"亮度/对比度"对话框

- 亮度：用于调整图像的亮度。数值为正时，增加图像亮度；数值为负时，降低图像的亮度。
- 对比度：用于调整图像的对比度。数值为正时，增加图像的对比度；数值为负时，降低图像的对比度。
- 使用旧版：选中此复选框，可以使用早期版本的"亮度/对比度"命令来调整图像。而默认情况下，则使用新版的功能进行调整。在调整图像时，新版命令将仅对图像的亮度进行调整，而色彩的对比度保持不变。
- 自动：在Photoshop CS6中，单击此按钮，即可自动针对当前的图像进行亮度及对比度的调整。

此命令的操作步骤如下所述。

图6-68所示为原图，图6-69所示为增加图像的亮度和对比度的效果。

图6-68　原图像　　　　　　　　　　　图6-69　调整"亮度/对比度"后的效果

可以在选中"使用旧版"复选框的情况下，重新调整"亮度/对比度"对话框中的参数，然后对比二者之间的区别。

6.4.5 "自然饱和度"命令

执行"图像"|"调整"|"自然饱和度"命令，弹出的对话框如图6-70所示。执行此命令调整图像时，可以使图像颜色的饱和度不会溢出，换言之，此命令可以仅调整与已饱和的颜色相比那些不饱和的颜色的饱和度。

对话框中各参数释义如下。

图6-70 "自然饱和度"对话框

- 自然饱和度：拖动此滑块，可以使Photoshop调整那些与已饱和的颜色相比不饱和的颜色的饱和度，用以获得更加柔和、自然的图像效果。
- 饱和度：拖动此滑块，可以使Photoshop调整图像中所有颜色的饱和度，使所有颜色获得等量的饱和度调整，因此使用此滑块可能导致图像的局部颜色过饱和的现象。

实例：美化风景照片的色彩

源 文 件：	源文件\第6章\6.4.5.psd
视频文件：	视频\6.4.5.avi

本例将介绍执行"自动饱和度"命令美化风景照片的方法。

01 打开随书所附光盘中的文件"源文件\第6章\6.4.5-素材.jpg"，如图6-71所示。

02 执行"图像"|"调整"|"自动饱和度"命令，在弹出的对话框中提高"自然饱和度"参数，如图6-72所示。以按照风景照片的需求进行饱和度的提高处理，如图6-73所示。

图6-71 素材文件

图6-72 提高参数

图6-73 处理效果

03 保持在"自然饱和度"对话框中，再次提高"饱和度"参数的数值，如图6-74所示，使照片整体的饱和度都有所提高，从而使色彩看起来更为清新，如图6-75所示。

图6-74 再次提高参数

图6-75 提高后的效果

04 设置完成后，单击"确定"按钮退出对话框即可。

6.4.6 "照片滤镜"命令

执行"图像"|"调整"|"照片滤镜"命令，可以通过模拟传统光学的滤镜特效以调整图像的色调，使其具有暖色调或者冷色调的倾向，也可以根据实际情况自定义其他色调。执行"图像"|"调整"|"照片滤镜"命令，弹出如图6-76所示的"照片滤镜"对话框。

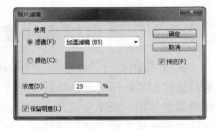

图6-76 "照片滤镜"对话框

"照片滤镜"对话框中的各参数释义如下。

- 滤镜：在其下拉菜单中有多达20种预设选项，可以根据需要进行选择，以对图像进行调整。
- 颜色：单击该色块，在弹出的"拾色器（照片滤镜颜色）"对话框中可以自定义一种颜色作为图像的色调。
- 浓度：可以调整应用于图像的颜色数量。该数值越大，应用的颜色调整越多。
- 保留明度：在调整颜色的同时保持原图像的亮度。

以图6-77所示的照片为例，图6-78所示为经过调整后图像色调偏暖的效果，图6-79所示为经过调整后图像色调偏冷的效果。

可以尝试执行"照片滤镜"命令，调整得到如图6-80所示的金色色调效果。

图6-77 素材文件

图6-78 色调偏暖效果

图6-79 色调偏冷效果

图6-80 金色色调效果

6.4.7 "阴影/高光"命令

"阴影/高光"命令专门用于处理在摄影中由于用光不当使拍摄出的照片局部过亮或过暗的照片。执行"图像"|"调整"|"阴影/高光"命令，弹出如图6-81所示的对话框。

图6-81 "阴影/高光"对话框

此对话框中参数说明如下。

- 阴影：在此拖动"数量"滑块或在此文本框中输入相应的数值，可改变暗部区域的明亮程度，其中数值越大即滑块的位置越偏向右侧，则调整后的图像的暗部区域也相应越亮。
- 高光：在此拖动"数量"下方的滑块或在此文本框中输入相应的数值，即可改变高亮区域的明亮程度，其中数值越大即滑块的位置越偏向右侧，则调整后高亮区域也会相应变暗。

图6-82所示为原图像，图6-83所示为执行"阴影/高光"命令后的效果。

图6-82　素材图像

图6-83　执行"阴影/高光"命令效果

▶ 6.4.8　"色彩平衡"命令

　　执行"色彩平衡"命令，可以在图像或者选区中增加或者减少处于高光、中间调以及阴影区域中的特定颜色。

　　执行"图像"|"调整"|"色彩平衡"命令，弹出如图6-84所示的"色彩平衡"对话框。

　　"色彩平衡"对话框中各参数释义如下。

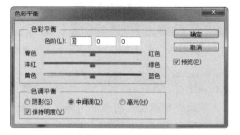
图6-84　"色彩平衡"对话框

- 颜色调整滑块：颜色调整滑块区显示互补的CMYK和RGB颜色。在调整时可以通过拖动滑块增加该颜色在图像中的比例，同时减少该颜色的补色在图像中的比例。例如，要减少图像中的蓝色，可以将"蓝色"滑块向"黄色"方向进行拖动。
- 阴影、中间调、高光：选中对应的单选按钮，然后拖动滑块即可调整图像中这些区域的颜色值。
- 保持明度：选中此复选框，可以保持图像的亮调，即在操作时只有颜色值可以被改变，像素的亮度值不可以被改变。

➡ 实例：校正照片的偏色

源　文　件：	源文件\第6章\6.4.8.psd
视频文件：	视频\6.4.8.avi

　　本例将介绍执行"色彩平衡"命令校正照片中的偏色问题。

01 打开随书所附光盘中的文件"源文件\第6章\6.4.8-素材.tif"，如图6-85所示，复制"背景"得到"背景 副本"。

🔍 提　示
　　之所以复制"背景"图层是为了方便观察及对比调整前后的效果。从图像中看到这是一幅夜景的照片，但是图片的颜色和饱和度都不是十分理想，下面就通过执行"色彩平衡"命令将图像变得更加绚丽。

02 按Ctrl+B组合键或执行"图像"|"调整"|"色彩平衡"命令，弹出的对话框如图6-84所示。

　　首先调整图像的中间调的色彩，中间调为图像中不是最暗也不是最亮的位置。看到整幅图像的颜色过于灰暗，首先加一些红色以增加一些夜晚的灯光照射的颜色。

03 拖动对话框中的滑块至图6-86所示的状态，以降低图像中红色与黄色成分，此时图像的效果如图6-87所示。

 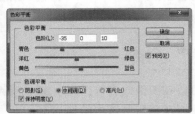 

图6-85　素材图像　　　　　图6-86　调整"中间调"选项　　　　图6-87　调整"中间调"后的效果

🔍 提 示

　　下面将要调整"阴影"的颜色，此处的"阴影"是指图像较暗的区域，并非图像的真正阴影部分。

04 选中"阴影"单选按钮以调整图像中的较暗区域，拖动对话框中的滑块至如图6-88所示的状态，得到如图6-89所示的效果。

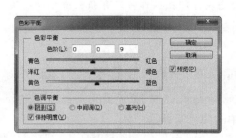 

图6-88　调整"阴影"选项　　　　　　图6-89　调整"阴影"选项后的效果

🔍 提 示

　　下面将调整"高光"选项。当调整城市夜景的时候，主要突出的就是灯红酒绿的感觉，所以下面主要调整"高光"选项中的红色和绿色。

05 选中"高光"单选按钮以进入"高光"选项条，向左拖动"绿色"和"红色"滑块至如图6-90所示的状态，得到如图6-91所示的效果。

　　可以尝试执行"色彩平衡"命令，将照片处理为图6-92所示的金色色调。

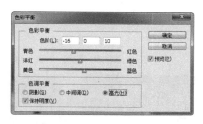

图6-90 调整"高光"选项

图6-91 调整"高光"选项后的效果

图6-92 金色色调效果

6.4.9 "黑白"命令

"黑白"命令可以将图像处理为灰度或者单色调图像的效果。执行"图像"|"调整"|"黑白"命令，弹出如图6-93所示的"黑白"对话框。

"黑白"对话框中的各参数释义如下。

- 预设：在此下拉列表中，可以选择Photoshop自带的多种图像处理选项，从而将图像处理为不同程度的灰度效果。
- 红色、黄色、绿色、青色、蓝色、洋红：分别拖动各颜色滑块，即可对原图像中对应颜色的区域进行灰度处理。
- 色调：选中此复选框后，对话框底部的两个色条及右侧的色块将被激活，如图6-94所示。其中，两个色条分别代表了"色相"和"饱和度"参数，可以拖动其滑块或者在其数值框中键入数值以调整出要叠加到图像中的颜色；也可以直接单击右侧的色块，在弹出的"拾色器（色调颜色）"对话框中选择需要的颜色。

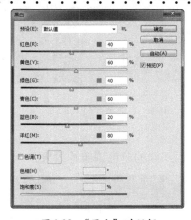

图6-93 "黑白"对话框

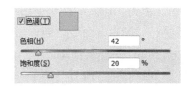

图6-94 激活选项

实例：制作黑白与单色艺术照效果

源 文 件：	源文件\第6章\6.4.9.psd
视频文件：	视频\6.4.9.avi

执行"黑白"命令制作黑白或单色艺术照片的操作步骤如下所述。

创意大学
Photoshop CS6标准教材

01 打开随书所附光盘中的文件"源文件\第6章\6.4.9-素材.tif"，如图6-95所示。

02 执行"图像"|"调整"|"黑白"命令，弹出"黑白"对话框，在"预设"下拉列表中选择适当的选项，以初步对整体图像进行调整。此处选择的是"绿色滤镜"选项，如图6-96所示，此时图像的预览效果如图6-97所示。

图6-95 素材文件

图6-96 选择选项

图6-97 预览效果

🔍 **提 示**

观察图像可以看出，图像整体效果偏亮。下面将通过调整相关参数来解决这一问题。

03 现在为图像着色。在对话框中选择"色调"选项，然后适当调整相关的颜色参数，如图6-98所示，此时图像的预览效果如图6-99所示。

图6-98 选择"色调"选项

图6-99 选择后的效果

04 调整完毕后，单击"确定"按钮退出对话框。

可以尝试执行"黑白"命令，制作如图6-100所示的不同的单色调照片效果。

图6-100 单色调效果

6.4.10 "色相/饱和度"命令

执行"色相/饱和度"命令，可以调整整体图像或者选区中图像的色相、饱和度以及明度。此命令的特点在于可以根据需要调整某一个色调范围内的颜色。

执行"图像"|"调整"|"色相/饱和度"命令，弹出如图6-101所示的"色相/饱和度"对话框。

在对话框顶部的下拉列表中选择"全图"选项，可以同时调整图像中的所有颜色，或者选择某一颜色成分（如"红色"等）单独进行调整。

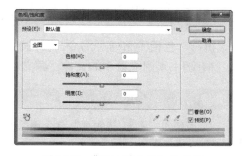

图6-101 "色相/饱和度"对话框

另外，也可以使用位于"色相/饱和度"对话框底部的"吸管工具" 在图像中吸取颜色并修改颜色范围。使用"添加到取样工具" 可以扩大颜色范围；使用"从取样中减去工具" 可以缩小颜色范围。

> **提示**
>
> 可以在选择"吸管工具" 时按住Shift键扩大颜色范围，按住Alt键缩小颜色范围。

对话框中各参数释义如下。

- 色相：可以调整图像的色调，无论是向左还是向右拖动滑块，都可以得到新的色相。
- 饱和度：可以调整图像的饱和度。向右拖动滑块可以增加饱和度，向左拖动滑块可以降低饱和度。
- 明度：可以调整图像的亮度。向右拖动滑块可以增加亮度，向左拖动滑块可以降低亮度。
- 颜色条：在对话框的底部显示了两个颜色条，代表颜色在色轮中的次序及选择范围。上面的颜色条显示调整前的颜色，下面的颜色条显示调整后的颜色。
- 着色：用于将当前图像转换为某一种色调的单色调图像。
- ：单击此按钮，然后在图像中单击某一种颜色，并在图像中向左或向右拖动，可以减少或增加包含所单击位置处像素颜色范围的饱和度；如果在执行此操作时按住了Ctrl键，则左右拖动可以改变相对应颜色区域的色相。

> **提示**
>
> 与前面介绍的"曲线"对话框中的 工具类似，此处的 工具也仅是不同操作方式、相同工作原理的一种替代功能。可以在下面学习了"曲线"命令基本的颜色调整方法后，再尝试使用此工具对图像颜色进行调整。

如果在颜色选择下拉列表中选择的不是"全图"选项，则颜色条显示对应的颜色区域。选择不同选项的对话框如图6-102所示。

如果使用"色相"滑块进行调整并将颜色条拖动到新的范围处，则下面的颜色条会在色轮中移动以标示新的调整颜色。

图6-102 选择不同选项的对话框

实例：改变衣服的颜色

源 文 件：	源文件\第6章\6.4.10.psd
视频文件：	视频\6.4.10.avi

执行"色相/饱和度"命令改变图像色彩的步骤如下所述。

01 打开随书所附光盘中的文件"源文件\第6章\6.4.10-素材.jpg"，如图6-103所示。

> 🔍 提 示
>
> 下面使用"色相/饱和度"命令调整人物衣服的颜色。

02 按Ctrl+U组合键或者执行"图像"|"调整"|"色相/饱和度"命令，弹出"色相/饱和度"对话框。

03 现在将右侧人物穿着的绿色衣服改变为紫红色衣服。在"颜色"下拉列表中选择要调整的颜色，此处为"绿色"，如图6-104所示。

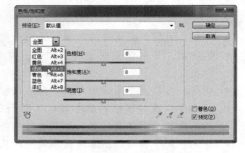

图6-103 素材文件 · 图6-104 选择"绿色"选项

04 拖动各滑块，直至改变衣服的基本颜色为止，如图6-105所示，效果如图6-106所示。
此时绿色的衣服上仍有一部分未被调整为紫红色，下面继续进行调整。

图6-105 改变颜色 · 图6-106 变色效果

05 向左拖动颜色条最左侧的颜色滑块，如图6-107所示，用以扩大颜色的调整范围。按照同样的方法，再向左拖动颜色条左侧第二个颜色滑块，如图6-108所示。

图6-107　拖动滑块

图6-108　拖动第二个滑块

06 完成调整后，单击"确定"按钮退出对话框，得到的效果如图6-109所示。

图6-109　最终效果

▶ 6.4.11　经验之谈——判断是否需要定义黑白场

在对黑白场进行定义之前，首先应该判断是否需要进行黑白场设置，判断的操作步骤如下所述。

01 打开图像后，在工具箱中选择"颜色取样器工具" 🖋。

02 用此工具在图像的最亮与最暗区域分别设置两个取样点，如图6-110所示。

03 显示"信息"调板，并在调板中单击每一个取样点的 🖋 处，在弹出的菜单中选择"CMYK颜色"选项。

04 观察不同取样点的数值，查看这些数值是否在可印刷的范围内。大多数情况下在白纸上印刷时，图像中最亮的有层次的区域的CMYK值应该保证不小于5、4、4、0，

图6-110　设置取样点

RGB等量值为244、244、244。图像中最暗调的层次的区域的CMYK值应该不大于89、84、85、75，RGB等量为10、10、10。

05 如果各颜色都位于可印刷范围之内，就不用进行调整，否则就需要通过定义黑白场的方法，将这些数值压缩到能够印刷的颜色值范围内，以保证图像最亮与最暗的区域可以被印刷出来。

> 🔍 **提　示**
>
> 这一组数据也并非绝对，但可以应对大多数情况。

创意大学
Photoshop CS6标准教材

可以尝试执行"色相/饱和度"命令将照片处理为如图6-111所示的单色效果。

图6-111 单色效果

▶ 6.4.12 "色阶"命令

按Ctrl+L组合键或执行"图像"|"调整"|"色阶"命令，弹出如图6-112所示的对话框。

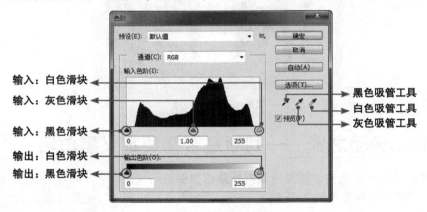

图6-112 "色阶"对话框

在"色阶"对话框中，拖动"输入色阶"直方图下面的滑块或在对应文本框中输入值，以改变图像的高光、中间调或暗调，从而增加图像的对比度。

- 向左拖动"输入色阶"中的白色滑块或灰色滑块，可以使图像变亮。
- 向右拖动"输入色阶"中的黑色滑块或灰色滑块，可以使图像变暗。
- 向左拖动"输出色阶"中的白色滑块，可降低图像亮部对比度，从而使图像变暗。
- 向右拖动"输出色阶"中的黑色滑块，可降低图像暗部对比度，从而使图像变亮。
- 使用设置黑场的"黑色吸管工具" ∅在图像中单击，可以使图像基于单击处的色值变暗。
- 使用设置白场的"白色吸管工具" ∅在图像中单击，可以使图像基于单击处的色值变亮。
- 使用设置灰点的"灰色吸管工具" ∅在图像中单击，可以在图像中减去单击处的色调，以减弱图像的偏色。
- 如果需要将对话框中的设置保存为一个设置文件，在以后的工作中使用，可以执行"存储"命令，在弹出的对话框中输入文件名称。
- 如果要调用"色阶"命令的设置文件，可以执行"载入"命令，在弹出文件选择对话框中选择该文件。
- 单击"自动"按钮，可使Photoshop自动调节数码照片的对比度及明暗度。

实例：校正照片曝光及偏色

源 文 件：	源文件\第6章\6.4.12.psd
视频文件：	视频\6.4.12.avi

本例将介绍执行"色阶"命令校正照片曝光及偏色的方法。

01 打开随书所附光盘中的文件"源文件\第6章\6.4.12-素材.tif"，如图6-113所示。

图6-113　照片素材

> **提示**
>
> 观察图像可以看出，图像的暗调部分已经明显地变为灰色，这就导致整幅图像显得对比度不足，下面就针对该问题进调整。

02 按Ctrl+L组合键或执行"图像"|"调整"|"色阶"命令，在弹出的对话框中，使用鼠标向右侧拖动"输入色阶"下方的黑色滑块，以增加图像的对比度，如图6-114所示，得到如图6-115所示的效果。

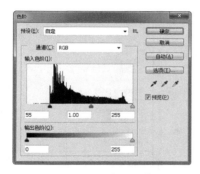

图6-114　拖动黑色滑块

图6-115　拖动效果

03 恢复图像对比度使其整体看起来过暗，下面进行调整。向左侧拖动"输入色阶"下的灰色滑块，如图6-116所示，得到如图6-117所示的效果。

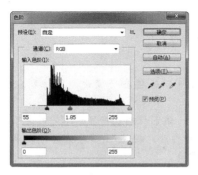

图6-116　调整灰色滑块

图6-117　提高图像整体

> **提示**
>
> 此时图像的对比度与亮度都已经基本恢复了，但照片仍显得偏红，下面利用对话框中的灰色吸管工具解决这个问题。

04 在"色阶"对话框的右下角选择灰色吸管工具，在图像中寻找偏色的中间调图像，并在此处单击，如图6-118所示。图6-119所示为使用灰色吸管校正偏色的效果。

图6-118　吸取颜色

图6-119　校正偏色后的效果

▶ 6.4.13　"曲线"命令

执行"图像"|"调整"|"曲线"命令，打开"曲线"对话框，如图6-120所示，是Photoshop中最为强大且调整效果最为精确的命令，执行此命令不仅可以调整图像整体的色调，还可以精确地控制多个色调区域的明暗度及色调，应用广泛。

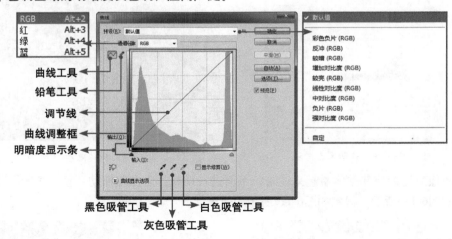

图6-120　"曲线"对话框

"曲线"对话框中的参数解释如下。

- 预设：除了可以手工编辑曲线来调整图像外，还可以直接在"预设"下拉列表中选择一个Photoshop自带的调整选项。
- 通道：与"色阶"命令相同，在不同的颜色模式下，该下拉列表将显示不同的选项。
- 曲线调整框：该区域用于显示当前对曲线所进行的修改，按住Alt键在该区域中单击，可以增加网格的显示数量，从而便于对图像进行精确的调整。
- 明暗度显示条：即曲线调整框左侧和底部的渐变条。横向的显示条为图像在调整前的明暗度状态，纵向的显示条为图像在调整后的明暗度状态。图6-121所示为分别向上和向下拖动节点时，该点图像在调整前后的对应关系。
- 调节线：在该直线上可以添加最多不超过14个节点，当鼠标置于节点上并变为状态时，就可以拖动该节点对图像进行调整。要删除节点，可以选中并将节点拖至对话框外部，或在选中节点的情况下，按Delete键即可。

- "编辑点以修改曲线"按钮 ：单击该按钮可以在调节线上添加控制点，并以曲线方式调整调节线。
- "通过绘制来修改曲线"按钮 ：单击该按钮可以使用手绘方式在曲线调整框中绘制曲线。
- 平滑：当使用"通过绘制来修改曲线" 绘制曲线时，该按钮才会被激活，单击该按钮可以让所绘制的曲线变得更加平滑。

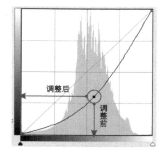

图6-121　调整效果

在"曲线"对话框中使用"拖动调整工具" ，可以在图像中通过拖动的方式快速调整图像的色彩及亮度。图6-122所示是选择"拖动调整工具" 后，在要调整的图像位置摆放鼠标时的状态。图6-123所示是由于当前摆放鼠标的位置显得曝光不足，所以向上拖动鼠标以提亮图像，此时的"曲线"对话框如图6-124所示。

图6-122　摆放状态

图6-123　提高图像

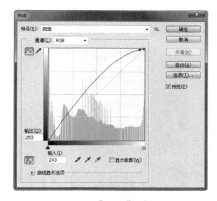

图6-124　"曲线"对话框

在上面处理的图像的基础上，再将光标置于阴影区域要调整的位置，如图6-125所示。按照前面所述的方法，此时将向下拖动鼠标以调整阴影区域，如图6-126所示。此时的"曲线"对话框如图6-127所示。

图6-125　选择调整位置

图6-126　调整阴影区域

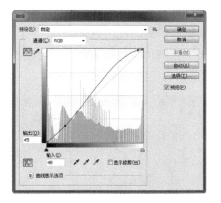

图6-127　"曲线"对话框

通过上面的实例可以看出，"拖动调整工具" 只不过是在操作的方法上有所不同，而在调整的原理上没有任何变化。如同刚才的实例中，利用了S形曲线增加图像的对比度，而这种形态的曲线也完全可以在"曲线"对话框中通过编辑曲线的方式创建得到，所以在实际运用过程中，可以根据喜好，选择使用某种方式来调整图像。

创意大学
Photoshop CS6标准教材

可以尝试使用"曲线"对话框中的各个"吸管工具"，来达到与使用拖动调整工具相近的调整结果。

实例：高级方法校正照片曝光问题

源 文 件：	源文件\第6章\6.4.13.psd
视频文件：	视频\6.4.13.avi

执行"曲线"命令调整照片曝光的操作步骤如下所述。

01 打开随书所附光盘中的文件"源文件\第6章\6.4.13-素材.jpg"，如图6-128所示。

02 按Ctrl+M组合键或执行"图像"|"调整"|"曲线"命令。

03 在"通道"下拉列表中选择要调整的通道名称。默认情况下，未调整前图像的"输入"与"输出"值相同，因此在"曲线"对话框中表现为一条直线。

04 在直线上单击增加一个变换控制点，向上拖动此节点，如图6-129所示，即可调整图像对应色调的明暗度，如图6-130所示。

 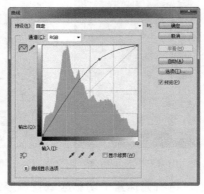 

图6-128　素材文件　　　　　图6-129　"曲线"对话框　　　　图6-130　调整明暗度

05 如果需要调整多个区域，可以在直线上单击多次，以添加多个变换控制点。对于不需要的变换控制点，可以按住Ctrl键单击将其删除，如图6-131所示。图6-132所示为多次添加控制点并调整后得到的图像效果。

06 为了让照片的色彩更鲜艳，可以执行"色相/饱和度"命令适当提高照片的饱和度，如图6-133所示。

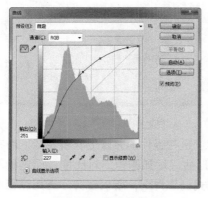  

图6-131　删除控制点　　　　图6-132　添加控制点　　　　图6-133　提高饱和度

可以尝试使用"曲线"对话框中的预设调整功能，将照片处理为如图6-134所示的几种效果。

图6-134　调整效果

▶ 6.4.14　"HDR色调"命令

HDR是近年来一种极为流行的摄影表现手法，或者更准确地说，是一种后期图像处理技术，而所谓的HDR，英文全称为High-Dynamic Range，指"高动态范围"，简单来说，就是让照片无论高光还是阴影部分细节都很清晰。

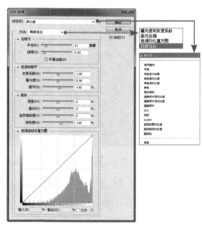

Photoshop提供的这个"HDR色调"命令，其实并非具有真正意义上的HDR合成功能，而是在同一张照片中，通过对高光、中间调及暗调的分别处理，模拟得到类似的效果，当然在细节上不可能与真正的HDR照片作品相提并论，但其最大的优点就是在只使用一张照片的情况下，就可以合成得到不错的效果，因而具有比较高的实用价值。

执行"图像"|"调整"|"HDR色调"命令，即可调出其对话框，如图6-135所示。

与其他大部分图像调整命令相似，此命令也提供了预设调整功能，选择不同的预设能够调整得到不同的HDR照片效果。以图6-136所示的原图像为例，图6-137所示就是几种不同的调整效果。

图6-135　"HDR色调"对话框

图6-136　原图像　　　　　　　　　　　图6-137　调整效果

在"方法"下拉列表中，包含了"局部适应"、"高光压缩"等选项，其中以"局部适应"选项最为常用，因此下面将重点介绍选择此选项时的参数设置。

- 半径：此参数可控制发光的范围。图6-138所示就是分别设置不同数值时的对比效果。

图6-138　对比效果

- 强度：此参数可控制发光的对比度。图6-139所示就是分别设置不同数值时的对比效果。
- 灰度系数：此参数可控制高光与暗调之间的差异，其数值越大（向左侧拖动）则图像的亮度越高，反之则图像的亮度越低。
- 曝光度：控制图像整体的曝光强度，也可以将其理解成为亮度，如图6-140所示。

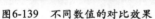

图6-139　不同数值的对比效果　　　　图6-140　曝光度效果

- 细节：数值为负数时（向左侧拖动）画面变得模糊；反之，数值为正数（向右侧拖动）时，可显示出更多的细节内容，如图6-141所示。
- 阴影、高光：这两个参数用于控制图像阴影或高光区域的亮度，图6-142所示就是分别设置不同数值时的效果对比。

图6-141　细节效果　　　　图6-142　阴影、高光效果

在"色调曲线和直方图"区域中的参数用于控制图像整体的亮度，其使用方法与编辑"曲线"对话框中的曲线基本相同，单击其右下角的"复位曲线"按钮🔄，可以将曲线恢复到初始状态。

实例：合成HDR照片效果

源 文 件：	源文件\第6章\6.4.14.psd
视频文件：	视频\6.4.14.avi

下面介绍"HDR色调"命令的使用方法，其步骤如下所述。

01 打开随书所附光盘中的文件"源文件\第6章\6.4.14-素材.jpg"，如图6-143所示。执行"图像"|"调整"|"HDR 色调"命令。

02 在"HDR 色调"对话框中设置"半径"参数，如图6-144所示，以扩大发光的范围，此时图像效果如图6-145所示。

图6-143　素材文件

03 调整色调和细节。在"色调和细节"选项组中，分别向右拖动"灰度系数"和"细节"滑块，如图6-146所示，以降低图像的亮度、显示更多的细节内容，此时图像效果如图6-147所示。

图6-144　"HDR 色调"对话框

图6-145　设置效果

图6-146　调整参数

图6-147　调整效果

04 最后，在"高级"选项组中，调整"自然饱和度"与"饱和度"参数，如图6-148所示，从而获得更加柔和自然的图像饱和度效果，如图6-149所示。

图6-148　调整饱和度　　　　　　　　　　图6-149　最终效果

6.5 拓展练习——梦幻色彩照片合成

源 文 件：	源文件\第6章\6.5.psd
视频文件：	视频\6.5.avi

本例主要采用"色彩范围"、"色彩平衡"、"色相/饱和度"、"曲线"、"照片滤镜"等命令使照片具有梦幻般的色彩。

01 打开随书所附光盘中的文件"源文件\第6章\6.5-素材.jpg"，如图6-150所示，执行"选择"|"色彩范围"命令，使用"吸管工具" ✐ 单击图像中较暗的地方，此时弹出的对话框如图6-151所示，得到如图6-152所示的选区。

图6-150　素材图像　　　　　　　　　　图6- 151 "色彩范围"对话框

02 选择"磁性套索工具" 🔲，在工具选项栏上单击"从选区减去按钮" 🔲，围绕人物四周绘制选区，减去选区后的效果如图6-153所示。

图6-152　执行"色彩范围"命令得到的选区　　　　　图6-153　减去选区后的效果

03 按Ctrl+B组合键调出"色彩平衡"对话框，在其中分别设置"阴影"、"中间调"、"高光"选项，如图6-154、图6-155和图6-156所示，得到如图6-157所示的效果。

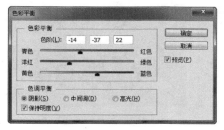

图6-154 "阴影"选项

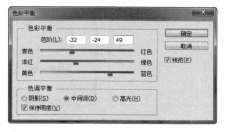

图6-155 "中间调"选项

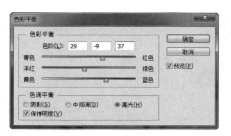

图6-156 "高光"选项

图6-157 执行"色彩平衡"命令后的效果

04 按Ctrl+U组合键调出"色相/饱和度"对话框，在弹出对话框中不进行任何设置，单击"确定"按钮，按Shift+Ctrl+F组合键调出"渐隐"对话框，设置弹出的对话框如图6-158所示，单击"确定"按钮，按Ctrl+D组合键取消选区，得到如图6-159所示的效果。

图6-158 "渐隐"对话框

图6-159 执行"渐隐"命令后的效果

05 选择"磁性套索工具" ，围绕人物四周绘制选区，按Shift+Ctrl+I组合键执行"反向"操作，得到如图6-160所示的选区。

06 按Ctrl+M组合键调出"曲线"对话框，在弹出对话框中分别设置"RGB"、"红"选项，如图6-161和图6-162所示，得到图6-163所示的效果。

图6-160 绘制选区

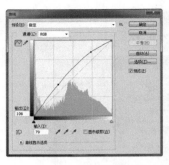
图6-161 "RGB"选项

图6-162 "红"选项 图6-163 执行"曲线"命令后的效果

07 执行"图像"|"调整"|"照片滤镜"命令，设置弹出的对话框如图6-164所示，得到如图6-165所示的效果。

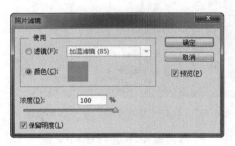
图6-164 "照片滤镜"对话框

图6-165 执行"照片滤镜"命令后的效果

08 按Ctrl+U组合键调出"色相/饱和度"对话框，按照如图6-166所示进行设置，然后单击"确定"按钮，按Ctrl+D组合键取消选区，得到如图6-167所示的最终效果。

图6-166 "色相/饱和度"对话框

图6-167 最终效果

6.6 本章小结

本章主要介绍了在Photoshop中变换、修饰以及润色图像的操作方法。通过本章的学习，读者应能够熟练使用变换功能改变图像的形态，以及使用工具与命令对图像进行修补、调色等处理，如修除人物脸上的斑点、修除多余的图像、改变图像的亮度与对比度、改变图像的色彩及饱和度等。

6.7 课后习题

1. 单选题

（1）下列（　　）命令用来调整色偏。

    A．色调均化   B．阈值

    C．色彩平衡   D．亮度/对比度

（2）下列（　　）色彩调整命令可提供最精确的调整。

    A．色阶   B．亮度/对比度

    C．曲线   D．色彩平衡

（3）（　　）设定图像的白点（白场）。

    A．选择工具箱中的"吸管工具"在图像的高光处单击

    B．选择工具箱中的"颜色取样器工具"在图像的高光处单击

    C．在"色阶"对话框中选择"白色吸管工具"并在图像的高光处单击

    D．在"色彩范围"对话框中选择"白色吸管工具"并在图像的高光处单击

（4）下列（　　）是以复制图像的方式进行图像修复处理的工作。

    A．修复画笔工具   B．修补工具

    C．污点修复画笔工具   D．仿制图章工具

2. 多选题

（1）下面对"色阶"命令描述正确的是（　　）。

    A．减小色阶对话框中"输入色阶"最右侧的数值导致图像变亮

    B．减小色阶对话框中"输入色阶"最右侧的数值导致图像变暗

    C．增加色阶对话框中"输入色阶"最左侧的数值导致图像变亮

    D．增加色阶对话框中"输入色阶"最左侧的数值导致图像变暗

（2）下列可以用于对图像进行透视变换处理的有（　　）。

    A．执行"编辑"|"变换"|"自由变换"命令

    B．执行"编辑"|"变换"|"透视"命令

    C．执行"编辑"|"变换"|"斜切"命令

    D．执行"编辑"|"变换"|"旋转"命令

（3）下列可以完全去除照片色彩的命令有（　　）。

    A．去色   B．色相/饱和度

    C．亮度/对比度   D．黑白

（4）下列可以调整图像亮度与对比度的有（　　）。

    A．色阶   B．曲线

    C．亮度/对比度   D．反相

3. 填空题

（1）要在重复上一步变换的同时执行复制操作，可以按＿＿＿＿＿＿键。

（2）＿＿＿＿＿＿命令可以通过模拟传统光学的滤镜特效以调整图像的色调，使其具有暖色调或者冷色调的倾向，也可以根据实际情况自定义其他色调。

（3）若要校正照片偏红的问题，可以执行"色彩平衡"命令向照片增加_____色。

4. 判断题

（1）在"曲线"对话框的调节线上可以添加最多不超过14个节点。（　　）

（2）"图像"｜"调整"｜"HDR色调"命令并不能制作真正的HDR照片，它是使用一张照片进行HDR合成的。（　　）

（3）在使用"仿制图章工具"前，应按住Alt键单击，以定义源图像。（　　）

（4）对非智能对象图层中的图像进行反复的变换操作，会影响图像的质量。（　　）

（5）执行"去色"命令后，会将图像转换为"灰度"模式，从而实现去除图像色彩的处理。（　　）

5. 上机操作题

（1）打开随书所附光盘中的文件"源文件\第6章\6.7上机操作题01-素材.psd"，如图6-168所示，结合变换功能，制作如图6-169所示的效果。

图6-168　素材文件　　　　　　　　　　图6-169　变换效果

（2）打开随书所附光盘中的文件"源文件\第6章\6.7上机操作题02-素材.jpg"，如图6-170所示，执行"色相/饱和度"命令将人物的衣服调整为紫色，如图6-171所示。

图6-170　素材文件　　　　　　　　　　图6-171　调整效果

第 7 章

图像特效处理与合成

图像的特效处理与合成是最常用的图像处理方式之一，它几乎可以在所有的Photoshop应用领域中发挥其作用，从而为作品增添色彩，更好地吸引浏览者的关注。本章就来介绍用于制作图像特效与进行图像合成的相关知识。

学习要点

- 掌握图层不透明度的用法
- 掌握图层填充不透明度的用法
- 掌握调整图层的用法
- 掌握图层样式的用法

- 掌握图层混合模式的用法
- 掌握图层蒙版的用法
- 掌握矢量蒙版的用法
- 掌握剪贴蒙版的用法

7.1 图层不透明度

通过设置图层的"不透明度"属性，可以改变图层的透明度。当图层的"不透明度"数值为100%时，当前图层完全遮盖下方的图层；而当图层的"不透明度"数值小于100%时，可以隐约显示下方图层中的图像。通过改变图层的"不透明度"数值，可以改变图层的整体效果。

图7-1所示为设置缎花所在图层的"不透明度"数值分别为100%和60%时的不同效果。

(a) 设置"不透明度"数值为100%　　　　　(b) 设置"不透明度"数值为60%

图7-1　对比效果

> **提 示**
>
> 要控制图层的透明度，除了可以在"图层"面板中改变"不透明度"数值外，还可以在未选中任何绘图类工具的情况下，直接按数字键。其中，"0"键代表100%，"1"键代表10%，"2"键代表20%，其他数字键依此类推。如果快速单击两个数字键，则可以取得此数字键的百分数值，例如，快速单击数字键"3"和"4"则代表34%。

7.2 图层填充不透明度

与图层的"不透明度"属性不同，图层的"填充"属性仅改变在当前图层中使用绘图类工具绘制得到的图像的不透明度，而不会影响图层样式的透明效果。

图7-2所示为原图像。图7-3所示是为其中的"文字"图层添加图层样式后的效果。此时如果将该图层的"填充"数值设置为20%，将得到图7-4所示的效果。从中可以看出，文字原来的红色变淡了，但由图层样式产生的浮雕及光泽效果仍然存在；如果是将"不透明度"数值设置为20%，将得到图7-5所示的效果。可以看出，包括图层样式在内的所有效果都变淡了，由此对比就不难理解"填充"属性的特点了。

图7-2　原图像　　　　　　　　　图7-3　添加图层样式的效果

图7-4　设置数值效果

图7-5　设置不透明度效果

7.3　调整图层

本书相关章节的介绍内容中涉及了大量调色功能，而调整图层则是在其中常用调色功能的基础上同时兼备图层特性的产物。下面介绍调整图层的使用方法。

▶ 7.3.1　了解"调整"面板

"调整"面板的作用就是在创建调整图层时，将不再通过调整对话框设置参数，而是转为在此面板中设置。

在没有创建或选择任意一个调整图层的情况下，执行"窗口"|"调整"命令，将调出如图7-6所示的"调整"面板。

在选中或创建了调整图层后，则根据其不同，在面板中显示出对应的参数。图7-7所示是在选择了"黑白"调整图层时的面板状态。

图7-6　"调整"面板

图7-7　选择图层

在此状态下，面板中的按钮功能解释如下。

- "创建剪贴蒙版"按钮：单击此按钮，可以在当前调整图层与下面的图层之间创建剪贴蒙版，再次单击则取消剪贴蒙版。
- "预览最近一次调整结果"按钮：单击此按钮，可以预览本次编辑调整图层参数时，最初

Photoshop CS6标准教材

始与刚刚调整完参数时的状态对比。

- "复位"按钮 ：单击此按钮，则完全复位到该调整图层默认的参数状态。
- "图层可见性"按钮 ：单击此按钮，可以控制当前所选调整图层的显示状态。
- "删除此调整图层"按钮 ：单击此按钮，并在弹出的对话框中单击"是"按钮，则可以删除当前所选的调整图层。
- "蒙版"按钮 ：在Photoshop CS6中，单击此按钮，将进入选中的调整图层的蒙版编辑状态，如图7-8所示。此面板能够提供用于调整蒙版的多种控制参数，使操作者可以轻松修改蒙版的不透明度、边缘柔化度等属性，并可以方便地增加矢量蒙版、反相蒙版或者调整蒙版边缘等。

图7-8 "属性"面板

使用"属性"面板可以对蒙版进行如羽化、反相及显示/隐藏蒙版等操作，具体操作将在下一章介绍。

▶ 7.3.2 创建调整图层

在Photoshop CS6中，可以采用以下方法创建调整图层。

图7-9 "新建图层"对话框

- 执行"图层"|"新建调整图层"子菜单中的命令，此时将弹出如图7-9所示的对话框，这与创建普通图层时的"新建图层"对话框基本相同，单击"确定"按钮退出对话框，即可得到一个调整图层。
- 单击"图层"面板底部的"创建新的填充或调整图层"按钮 ，在弹出的菜单中执行需要的命令，然后在"属性"面板中设置参数即可。
- 在"调整"面板中单击各个图标，即可创建对应的调整图层。

▶ 7.3.3 重新设置调整参数

要重新设置调整图层中所包含的命令参数，可以先选择要修改的调整图层，再双击调整图层的图层缩览图。

🔍 提 示

如果当前已经显示了"属性"面板，则只需要选择要编辑参数的调整图层，即可在面板中进行修改。如果添加的是"反相"调整图层，则无法对其进行调整，因为该命令没有任何参数。

➡ 实例：利用调整图层制作黄金跑车

源 文 件：	源文件\第7章\7.3.psd
视频文件：	视频\7.3.avi

下面通过一个调色制作黄金跑车的实例来介绍调整图层的用法。

01 打开随书所附光盘中的文件"源文件\第7章\7.3-素材.tif"，如图7-10所示。

02 使用"磁性套索工具" 沿汽车的边缘绘制选区，如图7-11所示。

图7-10　素材图像　　　　　　　　　　图7-11　绘制选区

03 单击"图层"面板底部的"创建新的填充或调整图层"按钮，在弹出的菜单中执行"色彩平衡"命令。

04 分别设置弹出的"色彩平衡"对话框如图7-12、图7-13和图7-14所示，单击"确定"按钮退出对话框，得到如图7-15所示的效果，同时得到一个调整图层"色彩平衡1"，此时的"图层"面板如图7-16所示。

图7-12　选择"阴影"选项　　　图7-13　选择"中间调"选项　　　图7-14　选择"高光"选项

图7-15　黄金跑车效果　　　　　　　　图7-16　"图层"面板

可以尝试以"色彩平衡1"调整图层为基础，将跑车外围的图像也调整为金色，但在色彩上要弱于跑车，如图7-17所示。

图7-17　金色跑车效果

7.4 图层样式

7.4.1 了解"图层样式"对话框

在"图层样式"对话框中共集成了10种各具特色的图层样式，但该对话框的总体结构大致相同，在此以图7-18所示的"斜面和浮雕"图层样式参数设置为例，介绍"图层样式"对话框的大致结构。

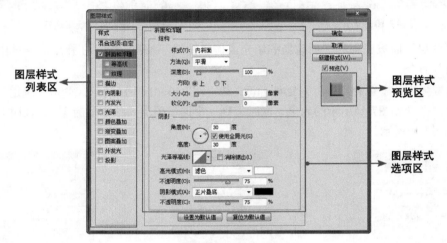

图7-18 "图层样式"对话框

从中可以看出，"图层样式"对话框在结构上分为以下3个区域。

- 图层样式列表区：在该区域中列出了所有图层样式，如果要同时应用多个图层样式，只需要选中图层样式名称左侧的复选框即可；如果要对某个图层样式的参数进行编辑，直接单击该图层样式的名称，即可在对话框中间的选项区显示出其参数设置。
- 图层样式选项区：在选择不同图层样式的情况下，该区域会显示出与之对应的参数设置。
- 图层样式预览区：在该区域中可以预览当前所设置的所有图层样式叠加在一起时的效果。
- "设置为默认值"、"复位为默认值"按钮：前者可以将当前的参数保存为默认的数值，以便后面应用，而后者则可以复位到系统或之前保存过的默认参数。

下面分别介绍这些图层样式的使用方法。

7.4.2 "斜面和浮雕"图层样式

执行"图层"|"图层样式"|"斜面和浮雕"命令，或者单击"图层"面板底部的"添加图层样式"按钮 *fx*.，在弹出的菜单中执行"斜面和浮雕"命令，弹出其"图层样式"对话框。使用"斜面和浮雕"图层样式，可以创建具有斜面或者浮雕效果的图像。

"斜面和浮雕"图层样式的参数释义如下。

- 样式：选择其中的各选项，可以设置不同的效果。在此分别选择"外斜面"、"内斜面"、"浮雕效果"、"枕状浮雕"、"描边浮雕"等选项，原图像及选择各选项所对应的效果如图7-19所示。

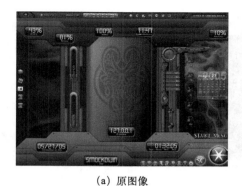

(a) 原图像

(b) 选择"外斜面"选项

(c) 选择"内斜面"选项

(d) 选择"浮雕效果"选项

(e) 选择"枕状浮雕"选项

(f) 选择"描边浮雕"选项

图7-19　各种效果

🔍 提 示

　　在选择"描边浮雕"选项时，必须同时添加"描边"图层样式，否则将不会得到任何浮雕效果。在当前的实例中，将"描边"图层样式效果设置为12像素的红色描边。

- 方法：在其下拉列表中可以选择"平滑"、"雕刻清晰"、"雕刻柔和"等选项，其对应的效果如图7-20所示。

(a) 选择"平滑"选项

(b) 选择"雕刻清晰"选项

(c) 选择"雕刻柔和"选项

图7-20　选择不同选项的效果

- 深度：此参数控制"斜面和浮雕"图层样式的深度。数值越大，效果越明显。图7-21所示是分别设置此数值为20%、100%和1000%时得到的对比效果。
- 方向：在此可以选择"斜面和浮雕"图层样式的视觉方向。如果选中"上"单选按钮，则在视觉上呈现凸起效果；如果选中"下"单选按钮，则在视觉上呈现凹陷效果。图7-22所示是分

别选中这两个单选按钮后所得到的对比效果。

(a) 设置"深度"数值为20%　　(b) 设置"深度"数值为100%　　(c) 设置"深度"数值为1000%

图7-21　对比效果

(a) 选中"上"单选按钮　　　　　　　　(b) 选中"下"单选按钮

图7-22　选择效果

- 软化：此参数控制"斜面和浮雕"图层样式亮调区域与暗调区域的柔和程度。数值越大，则亮调区域与暗调区域越柔和。

- 高光模式、阴影模式：在这两个下拉菜单中，可以为形成斜面或者浮雕效果的高光和阴影区域选择不同的混合模式，从而得到不同的效果。如果单击右侧的色块，还可以在弹出的"拾色器（斜面和浮雕高光颜色）"对话框和"拾色器（斜面和浮雕阴影颜色）"对话框中为高光和阴影区域选择不同的颜色，因为在某些情况下，高光区域并非完全为白色，可能会呈现出某种色调，同样，阴影区域也并非完全为黑色。

- 光泽等高线：等高线是用于制作特殊效果的一个关键性因素。Photoshop提供了很多预设的等高线类型，只需要选择不同的，就可以得到非常丰富的效果。另外，也可以通过单击当前等高线的预览框，在弹出的"等高线编辑器"对话框中进行编辑，直至得到满意的浮雕效果为止。图7-23所示分别为设置不同的等高线类型时的对比效果。

图7-23　对比效果

7.4.3 "描边"图层样式

使用"描边"图层样式，可以用"颜色"、"渐变"或者"图案"三种类型为当前图层中的图像勾绘轮廓。

"描边"图层样式的参数释义如下。

- 大小：此参数用于控制描边的宽度。数值越大，则生成的描边宽度越大。
- 位置：在其下拉菜单中可以选择"外部"、"内部"、"居中"三种位置选项。选择"外部"选项，描边效果完全处于图像的外部；选择"内部"选项，描边效果完全处于图像的内部；选择"居中"选项，描边效果一半处于图像的外部，一半处于图像的内部。
- 填充类型：在其下拉列表中可以设置描边的类型，其中有"颜色"、"渐变"和"图案"三个选项。

可以使用描边图层样式来模拟金属的边缘。图7-24所示为添加描边样式前的效果，图7-25所示为添加描边样式后的效果。

图7-24　原图像　　　　　　　　　　　图7-25　添加样式后的效果

虽然使用上述任何一种图层样式都可以获得非常丰富的效果，但在实际应用中通常同时使用数种图层样式。

7.4.4 "内阴影"图层样式

使用"内阴影"图层样式，可以为非背景图层添加位于图层不透明像素边缘内的投影，使图层呈凹陷的外观效果。

"内阴影"图层样式的参数释义如下。

- 混合模式：在其下拉列表中可以为内阴影选择不同的混合模式，从而得到不同的内阴影效果。单击其右侧色块，可以在弹出的"拾色器（内阴影颜色）"对话框中为内阴影设置颜色。
- 不透明度：在此可以键入数值以定义内阴影的不透明度。数值越大，则内阴影效果越清晰。
- 角度：在此拨动角度轮盘的指针或者键入数值，可以定义内阴影的投射方向。如果选中"使用全局光"复选框，则内阴影使用全局设置；反之，可以自定义角度。
- 距离：在此键入数值，可以定义内阴影的投射距离。数值越大，则内阴影的三维空间效果越明显；反之，内阴影越贴近投射内阴影的图像。

图7-26所示为添加内阴影样式前的效果，图7-27所示为添加内阴影样式后的效果。

可以尝试通过添加"内阴影"图层样式，并设置其等高线等属性，制作类似如图7-28所示的

效果。

图7-26　原图像　　　　　　图7-27　添加样式后的效果　　　　图7-28　制作效果

▶ 7.4.5 "内发光"图层样式

使用"内发光"图层样式，可以为图像添加内发光效果。

"内发光"图层样式的参数释义如下。

- ▢、▭▾：在这里可以设置两种不同的发光方式，一种为纯色光，另一种为渐变色光。
- 方法：在该下拉列表中可以设置发光的方法。选择"柔和"选项，所发出的光线边缘柔和；选择"精确"选项，光线按实际大小及扩展度来显示。
- 范围：此参数控制发光中作为等高线目标的部分或者范围，数值偏大或者偏小都会使等高线对发光效果的控制程度不明显。

图7-29～图7-31所示依次为原图像及分别为图像中的石头添加纯色光和渐变色光时的对比效果。

图7-29　原图像　　　　　　图7-30　纯色光效果　　　　　图7-31　渐变色光效果

▶ 7.4.6 "光泽"图层样式

使用"光泽"图层样式，可以在图层内部根据图层的形状应用投影，常用于创建光滑的磨光及金属效果。

图7-32所示为添加"光泽"图层样式前后的对比效果。

（a）添加"光泽"图层样式前　　　　　（b）添加"光泽"图层样式后

图7-32　光泽效果

可以尝试通过调整"光泽"样式中
的等高线等参数，制作得到类似图7-33所
示的效果。

图7-33　等高线效果

▶ 7.4.7　"颜色叠加"图层样式

选择"颜色叠加"图层样式，可以为图层叠加某种颜色。此图层样式的参数设置非常简单，
在其中设置一种叠加颜色，并设置所需要的"混合模式"及"不透明度"即可。

▶ 7.4.8　"渐变叠加"图层样式

使用"渐变叠加"图层样式，可以为图层叠加渐变效果。
"渐变叠加"图层样式较为重要的参数释义如下。

- 样式：在此下拉列表中可以选择"线性"、"径向"、"角度"、"对称的"、"菱形"五种
  渐变样式。
- 与图层对齐：在此复选框被选中的情况下，渐变效果由图层中最左侧的像素应用至其最右侧的
  像素。

图7-34所示是为蝴蝶图像添加"渐变叠加"图层样式前后的对比效果。

（a）添加"渐变叠加"图层样式前　　　　　（b）添加"渐变叠加"图层样式后

图7-34　渐变叠加效果

➢ 实例：制作七彩文字

源 文 件：	源文件\第7章\7.4.8-2.psd
视频文件：	视频\7.4.8-2.avi

本例将通过一个实例介绍使用图层样式制作七彩立体文字的方法。

01 按Ctrl+N组合键新建一个文件，在弹出的对话框中分别设置宽度和高度数值为933像素、700像素，分辨率为72像素/英寸，颜色模式为8位RGB模式，背景为"白色"，单击"确定"按钮退出对话框即可。

02 选择"线性渐变工具" ▣ 并设置其渐变样本为"深灰"-"浅灰"-"深灰"，从图像的左侧至右侧绘制渐变，得到如图7-35所示的效果。

03 打开随书所附光盘中的文件"源文件\第7章\7.4.8-2-素材.psd"，如图7-36所示。使用"移动工具" ▶⊕，按住Shift键将其拖至新建的文件中，得到"图层1"。

04 设置"图层1"的"填充"数值为10%，得到如图7-37所示的效果。

图7-35 绘制渐变	图7-36 素材图像	图7-37 设置图层不透明度

05 单击"添加图层样式"按钮 *fx.*，在弹出的菜单中执行"斜面和浮雕"命令，按照图7-38所示设置弹出的对话框，得到如图7-39所示的效果。

06 设置前景色为白色，选择"横排文字工具" T 并设置适当的字体和字号，在图像中输入"APPLE"，如图7-40所示。

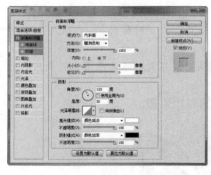

图7-38 "斜面和浮雕"对话框	图7-39 添加图层样式后的效果	图7-40 输入文字

🔍 **提 示**

下面将开始利用"渐变叠加"样式为文字添加七彩线条。

07 单击"添加图层样式"按钮 *fx.*，在弹出的菜单中执行"渐变叠加"命令，则弹出如图7-41所示的对话框。

08 单击"渐变叠加"图层样式对话框中的渐变样本,设置弹出的"渐变编辑器",如图7-42所示。

图7-41 "渐变叠加"对话框   图7-42 "渐变编辑器"

提 示

在"渐变编辑器"中,从左至右第1、2个色标的颜色值为#ff0000;第3、4个色标的颜色值为#ff00ff;第5、6个色标的颜色值为#0000ff;第7、8个色标的颜色值为#269d9d;第9、10个色标的颜色值为#38a639;第11、12个色标的颜色值为#c9c949;第13、14个色标的颜色值为#ff0000。

09 单击"确定"按钮返回"渐变叠加"对话框并按照图7-43所示进行参数设置,此时图像的预览效果如图7-44所示。

图7-43 设置"渐变叠加"对话框中的参数   图7-44 添加图层样式后的效果

提 示

下面通过添加"斜面和浮雕"、"等高线"及"投影"等图层样式,为文字增加立体效果。

10 在"图层样式"对话框中选中"斜面和浮雕"复选框并设置其对话框如图7-45所示,此时图像的预览效果如图7-46所示。

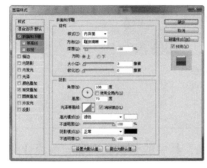

图7-45 "斜面和浮雕"对话框   图7-46 添加图层样式后的效果

11 选中"斜面和浮雕"样式下方的"等高线"复选框，并设置其对话框如图7-47所示，此时图像的预览效果如图7-48所示。

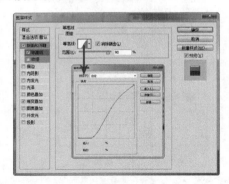

图7-47 "等高线"对话框

图7-48 添加图层样式后的效果

12 在"图层样式"对话框中选中"投影"复选框并设置其对话框，如图7-49所示，单击"确定"按钮退出对话框，得到如图7-50所示的效果。

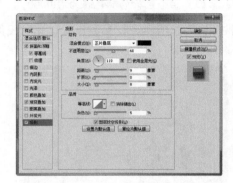

图7-49 "投影"对话框

图7-50 最终效果

可以尝试通过设置不同的渐变类型及相关参数，试制作类似图7-51所示的效果。

图7-51 最终效果

▶ 7.4.9 "图案叠加"图层样式

使用"图案叠加"图层样式可以在图层上叠加图案，其中的参数及选项与前面介绍的图层样式相似，故不再赘述。

图7-52所示是在艺术文字上叠加图案前后的对比效果。

（a）添加"图案叠加"图层样式前　　　　（b）添加"图案叠加"图层样式后

图7-52　对比效果

7.4.10　"外发光"图层样式

使用"外发光"图层样式，可以为图层添加单色、渐变等发光效果。"外发光"对话框中的参数解释如下。

- 发光类型："外发光"图层样式允许定义单色外发光或渐变外发光两种类型。图7-53所示为设置渐变为 ⊙■■■■ 状态时的发光效果。
- 方法：在此下拉列表中包括"柔和"和"精确"两种方式。在选择"柔和"选项的情况下，样式会根据图像的简单轮廓模拟发光效果；在选择"精确"选项时可以很好地捕捉图像的细节，然后以这些细节为基础模拟发光效果。图7-54所示为在本节制作的示例的基础上，将"方法"设置为"精确"时的效果。

图7-53　渐变外发光时的效果　　　　图7-54　选择"精确"选项时的发光效果

- 范围：拖动此滑块可以设置发光效果的瘀积程度。
- 抖动：在选择渐变发光方式时，拖动此滑块可以随机改变发光的效果，从而得到一定的点状化效果。

实例：使用"外发光"样式制作光晕文字

源 文 件：	源文件\第7章\7.4.10.psd
视频文件：	视频\7.4.10.avi

01 打开随书所附光盘中的文件"源文件\第7章\7.4.10-素材.tif",如图7-55所示。

02 设置前景色为白色,选择"钢笔工具" 并在其工具选项栏上单击"形状图层"按钮,在图像的左上角绘制如图7-56所示的"A3"形状路径,同时得到图层"形状1"。

图7-55 素材图像   图7-56 绘制文字形状

03 选择图层"形状1",单击"添加图层样式"按钮 fx ,在弹出的菜单中执行"描边"命令,设置弹出的对话框如图7-57所示,此时图像的预览效果如图7-58所示。

图7-57 "描边"对话框   图7-58 添加"描边"图层样式后的效果

在"描边"对话框中,颜色块的颜色值为#ff0054。

04 保持在"图层样式"对话框中,在左侧选中"外发光"复选框。在"外发光"对话框中设置混合模式、颜色等参数,如图7-59所示,单击"确定"按钮退出对话框,得到如图7-60所示的效果。

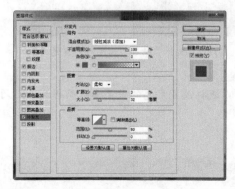

图7-59 设置"外发光"对话框中的参数   图7-60 添加图层样式后的效果

7.4.11 "投影"图层样式

使用"投影"图层样式，可以为图层添加投影效果。

"投影"图层样式较为重要的参数释义如下。

- 扩展：在此键入数值，可以增加投影的投射强度。数值越大，则投射的强度越大。
- 大小：此参数控制投影的柔化程度的大小。数值越大，则投影的柔化效果越明显；反之，则越清晰。图7-61所示为其他参数值不变的情况下，"大小"值分别为0和15两种情况下的"投影"效果。

图7-61 投影效果

- 等高线：使用等高线可以定义图层样式效果的外观，其原理类似于"曲线"命令中曲线对图像的调整原理。单击此下拉列表按钮，将弹出"等高线"列表，可在该列表中选择等高线的类型，在默认情况下Photoshop自动选择线性等高线。

图7-62所示为在其他参数与选项不变的情况下，选择3种不同等高线得到的效果。

图7-62 等高线效果

- 消除锯齿：选中此复选框，可以使应用等高线后的投影效果更细腻。

7.4.12 复制与粘贴图层样式

如果两个图层需要设置相同的图层样式，可以通过复制与粘贴图层样式来减少重复性工作。要复制图层样式，可以按下述步骤进行操作。

01 在"图层"面板中选择包含要复制的图层样式的图层。

02 执行"图层"|"图层样式"|"拷贝图层样式"命令，或者在图层上单击鼠标右键，从弹出的快捷菜单中执行"拷贝图层样式"命令。

03 在"图层"面板中选择需要粘贴图层样式的目标图层。

04 执行"图层"|"图层样式"|"粘贴
图层样式"命令，或者在图层上单击
鼠标右键，从弹出的快捷菜单中执行
"粘贴图层样式"命令。

除使用上述方法外，还可以按住Alt
键将图层样式直接拖动至目标图层中
（如图7-63所示），这样也可以起到复
制图层样式的目的。

图7-63　复制图层样式

提示

此时如果没有按住Alt键直接拖动图层样式，则相当于将原图层中的图层样式剪切到目标图层中。

7.4.13　删除图层样式

删除图层样式是使图层样式不再发挥作用，同时可以降低图像文件的大小。

（1）删除某个图层上的某一图层样式：在"图层"面板中将该图层样式选中，然后拖动至
"删除图层"按钮 🗑 上，如图7-64所示。还可以在图层上单击鼠标右键，从弹出的快捷菜单中
执行"清除图层样式"命令。

（2）删除某个图层上的所有图层样式：可以在"图层"面板中选中该图层，并执行"图
层"|"图层样式"|"清除图层样式"命令；也可以在"图层"面板中选择图层下方的"效果"
栏，将其拖动至"删除图层"按钮 🗑 上，如图7-65所示。

图7-64　拖动图层删除　　　　　　图7-65　拖动"效果"栏删除

7.4.14　为图层组设置图层样式

在Photoshop CS6中，新增了为图层组增加图层样式的功能，在选中一个图层组的情况下，可
以为该图层组中的所有图像增加图层样式。

以图7-66所示的原图像为例，图7-67所示是为图层组"文字"增加了"外发光"和"渐变叠
加"图层样式后的效果。

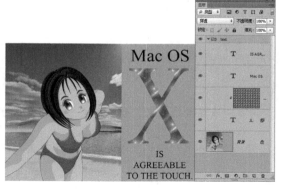

图7-66　原图像

图7-67　增加图层样式后的效果

7.5　图层混合模式

7.5.1　认识混合模式

在Photoshop中，混合模式知识非常重要，几乎每一种绘画与编辑调整工具都有混合模式选项，而在"图层"面板中，混合模式更占据着重要的位置。正确、灵活地运用混合模式，往往能够创造出丰富的图像效果。

由于工具箱中的绘图工具如"画笔工具" ✏、"铅笔工具" ✏、"仿制图章工具" 🎨等，与编辑类工具如"加深工具" 🔲、"减淡工具" 🔍具有的混合模式选项，与图层混合模式选项完全相同，且混合模式在图层中的应用非常广泛，故此处重点介绍混合模式在图层中的应用。

单击图层混合模式右边双向三角按钮 ◆，将弹出混合模式下拉列表，其中有27种不同效果的混合模式，如图7-68所示。

图7-68　混合模式

7.5.2　27种混合模式详解

在Photoshop中，图层的混合模式非常重要，几乎每一种与绘画、编辑调整操作相关的工具都有此选项。正确、灵活地运用各种混合模式，往往能够创造出许多令人意想不到的效果。下面介绍各种混合模式的原理并展示其效果。

- 正常：将"图层1"的混合模式设置为"正常"时，上方图层中的图像将遮盖下方图层的图像。
- 溶解：将"图层1"的混合模式设置为"溶解"时，由于该图层不具有非透明像素，因此得到的效果与混合模式被设置为与"正常"时相同，但会降低不透明度数值。
- 变暗：将"图层1"的混合模式设置为"变暗"时，两个图层中较暗的颜色将作为混合后的颜色保留，比混合色亮的像素将被替换，而比混合色暗的像素保持不变。
- 正片叠底：将"图层1"的混合模式设置为"正片叠底"时，最终将显示两个图层中较暗的颜色，另外在此模式下任何颜色与图像中的黑色重叠将产生黑色，任何颜色与白色重叠时该颜色保持不变。

- 颜色加深：将"图层1"的混合模式设置为"颜色加深"时，除上方图层的黑色区域外，降低所有区域的对比度，使图像整体对比度下降，产生下方图层的图像透过上方图像的效果。

- 线性加深：将"图层1"的混合模式设置为"线性加深"时，上方图层将依据下方图层图像的灰阶程度与背景图像融合。

- 深色：选择此模式，可以依据图像的饱和度，用当前图层中的颜色，直接覆盖下方图层中的暗调区域颜色。

- 变亮：将"图层1"的混合模式设置为"变亮"时，上方图层的暗调变成透明，并通过混合亮区，使图像更亮。

- 滤色：将"图层1"的混合模式设置为"滤色"时，上方图层暗调变成透明后显示下方图像的颜色，高光区域的颜色同下方图像的颜色混合后，图像整体显得更亮。

- 颜色减淡：将"图层1"的混合模式设置为"颜色减淡"时，上方图层依据下方图层的灰阶程度提升亮度后，再与下方图层相融合。

- 线性减淡（添加）：将"图层1"的混合模式设置为"线性减淡"时，上方图层依据下方图层的灰阶程度变亮后与下方图层融合。

- 浅色：与"深色"模式刚好相反，选择此模式，可以依据图像的饱和度，用当前图层中的颜色直接覆盖下方图层中的高光区域颜色。

- 叠加：将"图层1"的混合模式设置为"叠加"时，同时应用正片叠底和滤色来制作对比度较高的图像，上方图层的高光区域和暗调维持原样，只是混合中间调。

- 柔光：将"图层1"的混合模式设置为"柔光"时，图像具有非常柔和的效果，亮于中性灰底的区域将更亮，暗于中性灰底的区域将更暗。

- 强光：将"图层1"的混合模式设置为"强光"时，上方图层亮于中性灰度的区域将更亮，暗于中性灰底的区域将更暗，而且其程度远大于"柔光"模式，用此模式得到的图像对比度比较大，适合于为图像增加强光照射效果。

- 亮光：将"图层1"的混合模式设置为"亮光"时，根据融合颜色的灰度减小对比度，以达到增亮或变暗图像的效果。

- 线性光：将"图层1"的混合模式设置为"线性光"时，根据融合颜色的灰度，减小或增加亮度，以得到非常亮的效果。

- 点光：将"图层1"的混合模式设置为"点光"时，如果混合色比中性灰度亮，则将替换比混合色暗的像素，但不会改变比混合色亮的像素；反之，如果混合色比中性灰度色暗，则替换比混合色亮的像素，但不会改变比混合色暗的像素。

- 实色混合：将"图层1"的混合模式设置为"实色混合"时，将会根据上下图层中图像的颜色分布情况，取两者的中间值，对图像中相交的部分进行填充，利用该混合模式可以制作出具有较强对比度的色块效果。

- 差值：将"图层1"的混合模式设置为"差值"时，上方图层的亮区将下方图层的颜色进行反相，表现为补色，暗区将下方图像的颜色正常显示出来，以表现与原图像完全相反的颜色。

- 排除：将"图层1"的混合模式设置为"排除"时，混合方式和差值基本相同，只是对比度弱一些。

- 减去：使用此混合模式，可以使用上方图层中亮调的图像隐藏下方的内容。

- 划分：使用此混合模式，可以在上方图层中加上下方图层相应处像素的颜色值，通常用于使图像变亮。

- 色相：将"图层1"的混合模式设置为"色相"时，最终效果由下方图像的亮度、饱和度及上方图像的色相决定。

- 饱和度：将"图层1"的混合模式设置为"饱和度"时，最终效果由下方图像的色相、亮度和上方图层的饱和度构成。
- 颜色：将"图层1"的混合模式设置为"颜色"时，最终效果由下方图像的亮度，以及上方图层的色相和饱和度构成。
- 明度：将"图层1"的混合模式设置为"明度"时，最终效果由下方图像的色相、饱和度以及上方图像的亮度构成。

🔍 提 示

图层混合模式的效果与上、下图层中的图像（包括色调、明暗度等）有密切的关系，因此，在应用时可以多试用几种模式，以寻找最佳效果。

实例：制作柔焦照片效果

源 文 件：	源文件\第7章\7.5-1.psd
视频文件：	视频\7.5.1.avi

本例将介绍使用图层混合模式及"高斯模糊"滤镜，制作柔焦照片效果的方法。

01 打开随书所附光盘中的文件"源文件\第7章\7.5-1-素材.jpg"，如图7-69所示。按Ctrl+J组合键复制"背景"图层得到"图层 1"。执行"滤镜"|"模糊"|"高斯模糊"命令，在弹出的对话框中设置参数为10，为图像添加模糊效果，如图7-70所示。

图7-69 原图像 　　　　　　　　　　图7-70 模糊效果

02 单击"确定"按钮退出对话框，设置"图层 1"的混合模式为"滤色"，"不透明度"为80%，以混合图像，得到如图7-71所示的效果。

03 按Ctrl+J组合键复制"图层 1"得到"图层 1 副本"。设置"图层 1 副本"的混合模式为"柔光"，以混合图像，得到如图7-72所示的效果。

可以尝试制作得到如图7-73所示的更强烈的柔光效果。

图7-71 混合图像 　　　　图7-72 设置效果 　　　　图7-73 柔光效果

实例：用混合模式调亮图像

源　文　件：	源文件\第7章\7.5-3.psd
视频文件：	视频\7.5.3.avi

混合模式是用Photoshop合成图片时用到的最为频繁的技术之一，同样的两张图片通过设置不同的混合模式进行叠加，可以得到千变万化的效果，它也有一个功能即调整图像的明暗，下面详细介绍。

01 打开随书所附光盘中的文件"源文件\第7章\7.5-3-素材.jpg"，如图7-74所示。看到这幅照片整体显得有些偏暗，下面就利用图层混合模式来解决这个问题。

02 复制"背景"得到"背景 副本"，设置"背景 副本"的混合模式为"滤色"，得到如图7-75所示的效果。

图7-74　素材图像　　　　　　　　　图7-75　设置混合模式后的效果

03 将"背景 副本"的不透明度降低为70%，以略降低图像亮度，避免曝光过度，得到如图7-76所示的效果，对应的"图层"面板如图7-77所示。

图7-76　设置图层不透明度后的效果　　　　　图7-77　"图层"面板的状态

04 复制"背景 副本"得到"背景 副本 2"，并修改其混合模式为"柔光"，不透明度为30%，以略增加照片的对比度及色彩饱和度，得到如图7-78所示的最终效果，"图层"面板的状态如图7-79所示。

可以尝试使用混合模式，进一步提高照片整体的曝光，同时又要抵制高光区域曝光过度的问题，得到类似如图7-80所示的效果。

图7-78　最终效果

图7-79 "图层"面板

图7-80 曝光效果

7.6 图层蒙版

▶ 7.6.1 经验之谈——产生创意的几种方法

许多人看到极具创意的图像，都以为这些图像的创作者天资聪颖，有取之不尽的灵感、大量的创意和天马行空的想象力，这种想法是错误的。

虽然有创意的图像作品的确与创作者天马行空的想象力有关，但天马行空的想象力并不完全构成获得创意的因素，实际上这些创作者也需要经过刻苦的工作精神以及不懈的学习，他们为了获得一个或一系列创意，花费了许多人都无法企及的时间和精力。

下面介绍几种常用的几种获得创意的方法。

1. 头脑风暴法

找两个或几个人一起座谈，这种方法可能是得到好创意最有效的方法之一，迄今为止，广告界仍然在广泛地使用这种获得创意的途径。

在这个阶段，座谈的人的想法会在彼此之间交换、肯定、否定数次，但在这样进行一段时间后，就会有许多值得讨论的想法出现，这时在反复琢磨之后构思出大致草图。也许会有许多想法在提出后只能博得开心一笑，但对这样的意见也不要轻易否定，因为这可能是一个好创意的萌芽。

2. 阅读法

文学作为一种媒体，它的存在在某种程度上就是将虚拟的形象或场景生成在读者的头脑中，如果能够意识到这一点，就会发现阅读文学作品对于启发创意思路也大有裨益。

例如，在阅读魔幻主义作品时，作品中能够说话的动物、能够上天下地的神魔，以及神奇迷幻的场景都能够提供给读者最好的创意灵感。

3. 图片资料法

互联网的出现使全世界的资源交流起来更加容易，因此多搜集整理一些国内外各类创意高手的作品，在思源枯竭的时候观看，能够在很大程度上启发创意思维。

▶ 7.6.2 经验之谈——创意图像的制作流程

与其他设计和创意类工作相同，通过混合图像制作出有创意的图像也有一个相对完整的流

程，下面详细介绍。

- 确定主题：是进行混合图像前首先要确定的事情，无法想象如何在一个盲无目的的混合操作中诞生极具创意的作品。而且，只有确定了主题才能够指导后续的拍摄与混合过程，最终得到令人满意的照片效果。
- 构思草图：有了明确的主题构思后，下一步就应该仔细考虑最终需要的图像的大体效果，这个过程有些人在脑海中完成，而有些人将构思落实为草图。
- 拍摄素材：对于草图中需要的素材要在这个阶段考虑是否能够进行拍摄及如何拍摄，这是考察拍摄能力的阶段，但并不意味着需要掌握非常精深的拍摄技术，因为许多拍摄过程中的不足可以在后期工作中弥补。在拍摄时，要特别注意光线和透视角度的问题。
- 搜集素材：有些合成图像所需要的素材图像是无法进行拍摄或很难进行拍摄的。例如，一双翅膀、一个欧式的挂钟、一个空间很空旷的临海房间、一个大眼睛的金发女孩等，这些对于某些人而言是无法进行实拍的照片素材，就需要通过搜集图片库来完成。
- 绘制素材：在现实中根本不存在的素材对象，例如，长成正方形的南瓜、晶莹别透的水晶葡萄等，需要在Photoshop中对现实的素材进行加工处理，或者进行绘画完成。
- 电脑合成：这是个艰苦的过程，所有前期工作都在这一阶段进行准备，创意与构思能否完美的体现也就在这一阶段了。在这个阶段要进行的工作很多，例如从素材图像中将模特选择出来，根据需要对模特身上的瑕疵进行修复，对图像进行调色处理，为图像添加无法进行拍摄的素材，调整素材的比例与位置等。
- 修改润饰：许多读者以为这个阶段应该与前面的电脑合成阶段合为一个工作阶段，但这样并不好，因为长时间痴迷于一幅作品，很可能会钻牛角尖，因此，在完成图像的合成后，最好将图像放一段时间（也许2天也许1周）后，再重新审视这幅图像，这样做的好处在于可以全新的眼光审视这幅图像，从中发现新的问题，然后进行必要的修改与润饰。

▶ 7.6.3 了解图层蒙版

可以简单地将图层蒙版理解为：与图层捆绑在一起、用于控制图层中图像的显示与隐藏的蒙版，且此蒙版中装载的全部为灰度图像，并以蒙版中的黑、白图像来控制图层缩览图中图像的隐藏或显示。

▶ 7.6.4 直接添加蒙版

要直接为图层添加图层蒙版，可以使用下面的操作方法之一。

（1）选择要添加图层蒙版的图层，单击"图层"面板底部的"添加图层蒙版"按钮 ▣ 或者执行"图层"|"图层蒙版"|"显示全部"命令，可以为图层添加一个默认填充为白色的图层蒙版，即显示全部图像，如图7-81所示。

（2）选择要添加图层蒙版的图层，按住Alt键单击"图层"面板底部的"添加图层蒙版"按钮 ▣ 或者执行"图层"|"图层蒙版"|"隐藏全部"命令，可以为图层添加一个默认填充为黑色的图层蒙版，即隐藏全部图像。

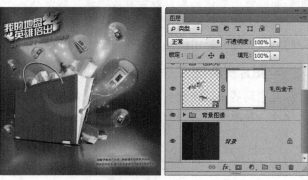

图7-81 填充图层蒙版

▶ 7.6.5 利用选区添加图层蒙版

如果当前图像中存在选区，可以利用该选区添加图层蒙版，并决定添加图层蒙版后是显示还是隐藏选区内部的图像。可以按照以下操作之一来利用选区添加图层蒙版。

（1）依据选区范围添加图层蒙版：选择要添加图层蒙版的图层，在"图层"面板底部单击"添加图层蒙版"按钮 ▣ ，即可依据当前选区的选择范围为图像添加图层蒙版。以图7-82所示的选区状态为例，添加图层蒙版后的状态如图7-83所示。

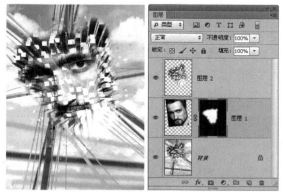

图7-82　素材图像 　　　　　　　　　图7-83　添加状态

（2）依据与选区相反的范围添加图层蒙版：按住Alt键在"图层"面板底部单击"添加图层蒙版"按钮 ▣ ，即可依据与当前选区相反的范围为图层添加图层蒙版，此操作的原理是先对选区执行"反向"命令，然后再为图层添加图层蒙版，效果如图7-84所示，此时的图层蒙版状态如图7-85所示。

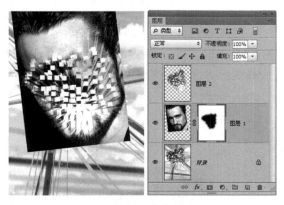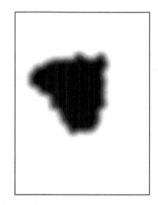

图7-84　反向效果 　　　　　　　　　图7-85　蒙版状态

▶ 实例：合成逼真远景照片效果

源　文　件：	源文件\第7章\7.6.5.psd
视频文件：	视频\7.6.5.avi

本例通过图层蒙版功能，将两幅照片合成为一幅逼真的照片。

01 打开随书所附光盘中的文件"源文件\第7章\7.6.5-素材1.tif"，如图7-86所示。

02 打开随书所附光盘中的文件"源文件\第7章\7.6.5-素材2.tif"，如图7-87所示。使用"移动工

具"⬚按住Shift键将该图像拖至本例第1步打开的图像文件中,得到"图层1"。

图7-86 花素材图像

图7-87 远山素材图像

03 使用"移动工具"⬚按住Shift键将图像向下移动,置于如图7-88所示的位置。

图7-88 摆放图像位置

> 🔍 提示
>
> 本小节制作的示例是为了让近处的花图像与远山图像连接起来,所以仍可以采用上一小节的方法来对齐图像,如图7-89所示。
>
>
>
> 图7-89 设置不透明度对齐图像位置

04 单击"添加图层蒙版"按钮⬚为"图层1"添加蒙版,选择"线性渐变工具"⬚并设置其渐变样本为从黑色到白色,在远山与花相接的地方从右下方至左上方绘制倾斜的渐变,得到如图7-90所示的效果,此时蒙版中的状态如图7-91所示。

图7-90 在蒙版中绘制渐变后的效果

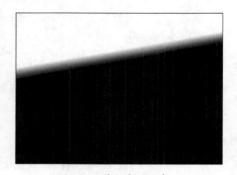

图7-91 蒙版中的状态

> 🔍 提 示
>
> 由于此处绘制渐变时的倾斜角度直接影响到最终效果的逼真与否,所以对于该角度的控制,可以多尝试几次,直至得到满意的衔接效果为止。

当前图像已经合成完毕，观察远山图像可以看出其明显偏红，下面来调整两幅图像间的色调差异。

05 单击选中"图层1"的缩览图以确定是对"图层1"中的图像进行操作。按Ctrl+B组合键执行"色彩平衡"命令，在弹出的对话框中向左侧拖动"青色-红色"滑块，如图7-92所示，单击"确定"按钮退出对话框，得到如图7-93所示的效果。

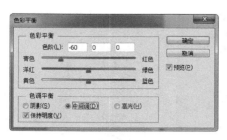

图7-92 "色彩平衡"对话框

图7-93 校正偏色后的效果

06 按Ctrl+A组合键执行"全选"操作，按Ctrl+Shift+C组合键或执行"编辑"|"合并拷贝"命令，然后按Ctrl+V组合键执行"粘贴"操作，得到"图层2"。

🔍 提 示

与"拷贝"命令不同，"合并拷贝"命令可以将当前可见图层中的图像全部都复制下来，而"拷贝"命令只能复制当前图层中的图像。

07 执行"图像"|"调整"|"照片滤镜"命令，设置弹出的对话框如图7-94所示，从而将图像色调统一为冷色调，单击"确定"按钮退出对话框，得到如图7-95所示的效果。

图7-94 "照片滤镜"对话框

图7-95 最终效果

➡ 实例：使用图层蒙版制作别有洞天的创意图像

源 文 件：	源文件\第7章\7.6.5-2.psd
视频文件：	视频\7.6.5-2.avi

此例是一幅视觉作品，互不相干的各种元素通过软件处理，将其放在一个环境中，以达到一种常态无法看到的画面效果，从而增强作品的新颖感，其特点表现出图层蒙版的作用。这幅作品对于整体颜色的控制有较多的操作，这里可以借鉴，以便用到以后的设计工作中。

01 打开随书所附光盘中的文件"源文件\第7章\7.6.5-2-素材1.tif"，图像状态如图7-96所示，将此文件作为作品文件编辑。

02 选择"钢笔工具" ，选择工具选项栏上的"路径"选项，沿门的内缘绘制路径，并按Ctrl+Enter组合键将路径选化为选区，状态如图7-97所示。

图7-96　素材图像　　　　　　　　　　　　　图7-97　制作的选区

03 按Ctrl+J组合键复制选区内的图像得到"图层 1"，单击"添加图层样式"按钮，在弹出的菜单中执行"混合选项"命令，设置弹出的对话框，如图7-98所示，再选中"斜面和浮雕"复选框，设置如图7-99所示，确认后得到的效果如图7-100所示。

 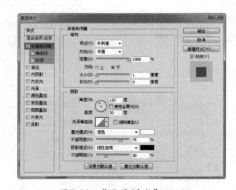

图7-98　"图层样式"　　　　　　　　　　　图7-99　"图层样式"设置

04 单击"添加图层蒙版"按钮 ，给"图层 1"添加蒙版，将前景色设置为黑色，使用"画笔工具" ，设置适当的大小在蒙版上涂抹，将门框右边部分的图层样式效果遮盖，得到的效果如图7-101所示，蒙版的状态如图7-102所示。

05 打开随书所附光盘中的文件"源文件\第7章\7.6.5-2-素材2.tif"，如图7-103所示，使用"移动工具"将其拖到作品文件中，得到"图层 2"，在图层名称上单击鼠标右键，在弹出的快捷菜单执行"转化为智能对象"命令，将"图层 2"转化为智能对象。

图7-100　添加图层样式的状态

图7-101　添加蒙版的状态

图7-102　添加的蒙版状态

06 按Ctrl+T组合键调出自由变换控制框，调整大小到图7-104所示的状态，按Enter键确认变换，按Ctrl键单击"图层 1"的图层缩览图载入选区，选择"图层 2"单击"添加蒙版"按钮，给"图层 2"添加蒙版，得到如图7-105所示的状态。

图7-103　素材图像

图7-104　调整素材的状态

07 单击"新的填充"或"调整图层"按钮，在弹出的菜单执行"色相/饱和度"命令，弹出的面板设置如图7-106所示，确认后按Ctrl+Alt+G组合键创建剪贴蒙版，得到图层"色相/饱和度 1"，效果如图7-107所示。

图7-105　添加蒙版的状态

图7-106　"属性"面板

🔍 **提示**

在画面中，门的裂缝的图像显示较为清晰，但是它不能像远景一样有一种纵伸感。下面将通过滤镜将其处理模糊，使其看起来是因为这些景物远而产生模糊的，从而拉开画面空间。

创意大学
Photoshop CS6标准教材

08 对"图层2"执行"滤镜"|"模糊"|"高斯模糊"命令,在弹出的对话框中设置参数为1,确认后得到的效果如图7-108所示。

09 选择图层最顶层,打开随书所附光盘中的文件"源文件\第7章\7.6.5-2-素材3.tif",如图7-109所示。使用"移动工具" 将其拖到作品文件中,得到"图层3",按Ctrl+T组合键调出自由变换控制框,将其调整到门的下面,如图7-110所示的状态,按Enter键确认变换。

图7-107　设置颜色的状态　　　图7-108　设置模糊的状态　　　图7-109　素材图像

10 选择"钢笔工具" ,选择工具选项栏上的"路径"选项,在图中沿人物的外缘绘制路径,并按Ctrl+Enter组合键将路径转化为选区,然后单击"添加图层蒙版"按钮 ,给"图层3"添加蒙版得到如图7-111所示的将人物扣出效果,蒙版状态如图7-112所示。

图7-110　调整素材的状态　　　图7-111　添加蒙版的状态　　　图7-112　添加的蒙版状态

> **提示**
>
> 从人物上看,人物的色调不容易融在作品当中,尤其是人物衣服的颜色更不协调,下面进行调整。

11 选择"图层3"的图层缩览图执行"图像"|"调整"|"匹配颜色"命令,设置弹出的对话框,如图7-113所示,确认后得到如图7-114所示的效果。

12 新建一个图层得到"图层4",将其拖到"图层3"的下面,将前景色设置为黑色,选择"画笔工具" ,设置适当的大小在人物的脚部向右拖动,绘制人物的阴影如图7-115所示,然后设置图层混合模式为"正片叠底",图层"不透明度"为74%,得到如图7-116所示的效果。

13 打开随书所附光盘中的文件"源文件\第7章\7.6.5-2-素材4.tif"和"源文件\第7章\7.6.5-2-素材5.tif",按照类似前面的方法,将鱼图像进行调整及调色处理,得到"图层5"和"图层6"。

图7-113 "匹配颜色"对话框　　图7-114 匹配颜色后的状态　　图7-115 绘制阴影的状态

14 选择"图层 5"及"图层 6"按Ctrl+G组合键创建组得到"组 1"，按Ctrl键单击"图层 1"的图层缩览图载入选区，选择"组1"单击"添加蒙版"按钮，给"组 1"添加蒙版得到如图7-117所示的效果，完成作品。图7-118为蒙版状态，图7-119为作品整体效果，图7-120为"图层"面板的状态。

可以尝试结合图层蒙版与调整图层功能，调整洞口以外的图像的亮度及对比度，直至得到类似如图7-121所示的效果。

图7-116 调整阴影的状态　　　图7-117 添加蒙版后的状态　　　图7-118 添加的蒙版状态

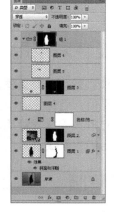

图7-119 最终效果　　　　图7-120 "图层"面板　　　　图7-121 调整效果

7.6.6　更改图层蒙版的浓度

　　"属性"面板中的"浓度"滑块可以调整选定的图层蒙版或矢量蒙版的不透明度，其使用步骤如下所述。

01 在"图层"面板中，选择包含要编辑的蒙版的图层。

02 单击"属性"面板中的"图层蒙版"按钮 或单击"矢量蒙版"按钮 将其激活。

03 拖动"浓度"滑块，当其数值为100%时，蒙版将完全不透明并遮挡图层下面的所有区域，此数值越低，蒙版下的更多区域将变得可见。

　　图7-122所示为原图像，图7-123所示为在"属性"面板中将"浓度"数值降低时的效果，可以看出由于蒙版中黑色变成灰色，因此被隐藏的图层中的图像也开始显现出来。

图7-122　原图像效果及对应的"图层"面板

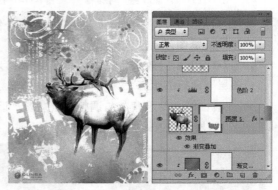

图7-123　设置浓度数值后的效果

7.6.7　羽化蒙版边缘

　　可以使用"属性"面板中的"羽化"滑块直接控制蒙版边缘的柔化程度，而无需像以前一样再使用"模糊"滤镜对其操作，其使用步骤如下所述。

01 在"图层"面板中，选择包含要编辑的蒙版的图层。

02 单击"属性"面板中的"图层蒙版"按钮 或单击"矢量蒙版"按钮 将其激活。

03 在"属性"面板中，拖动"羽化"滑块以将羽化效果应用至蒙版的边缘，使其以在蒙住和未蒙住区域之间创建较柔和的过渡。

7.6.8　调整蒙版边缘及色彩范围

　　单击"蒙版边缘"按钮，将弹出"调整蒙版"对话框，此对话框功能及使用方法等同于"调整边缘"，执行此命令可以对蒙版进行平滑、羽化等操作。

　　单击"颜色范围"按钮，将弹出"色彩范围"对话框，可以使用对话框更好地在蒙版进行选择操作，调整得到的选区并直接应用于当前的蒙版中。

7.6.9　停用/启用图层蒙版

　　在图层蒙版存在的状态下，只能观察到未被图层蒙版隐藏的部分图像，因此不利于对图像进行编辑。在此情况下，可以执行下面的操作之一，以完成停用/启用图层蒙版的操作。

（1）在"属性"面板底部单击"停用/启用蒙版"按钮 ，此时该图层蒙版缩览图中将出现一个"×"，如图7-124所示，表示停用图层蒙版，再次单击该按钮，即可重新启用图层蒙版。

（2）按住Shift键单击图层蒙版缩览图，可以暂时停用图层蒙版效果；再次按住Shift键单击图层蒙版缩览图，即可重新启用图层蒙版效果。

图7-124　停用图层蒙版

7.6.10　应用/删除图层蒙版

应用图层蒙版，可以将图层蒙版中黑色区域对应的图像像素删除，白色区域对应的图像像素保留，灰色过渡区域所对应的部分图像像素删除以得到一定的透明效果，从而保证图像效果在应用图层蒙版前后不会发生变化。要应用图层蒙版，可以执行以下操作之一。

（1）在"属性"面板底部单击"应用蒙版"按钮 。

（2）执行"图层"|"图层蒙版"|"应用"命令。

（3）在图层蒙版缩览图上单击鼠标右键，从弹出的快捷菜单中执行"应用图层蒙版"命令。

如果不想对图像进行任何修改而直接删除图层蒙版，可以执行以下操作之一。

（1）单击"属性"面板底部的"删除蒙版"按钮 。

（2）执行"图层"|"图层蒙版"|"删除"命令。

（3）选择要删除的图层蒙版，直接按Delete键也可以将其删除。

（4）在图层蒙版缩览图中单击鼠标右键，从弹出的快捷菜单中执行"删除图层蒙版"命令。

7.7 矢量蒙版

与图层蒙版非常相似，矢量蒙版也是一种控制图层中图像显示与隐藏的方法，不同的是，矢量蒙版是依靠路径来限制图像的显示与隐藏的，因此它创建的都是具有规则边缘的蒙版。

7.7.1　了解矢量蒙版

矢量蒙版是另一种用来控制图层中图像显示或者隐藏的方法。使用矢量蒙版可以创建具有锐利边缘的蒙版效果。

由于图层蒙版具有位图特征，其清晰与细腻程度和图像分辨率有关；而矢量蒙版具有矢量特征，因此具有无限缩放等特点，这也是两种蒙版间最大的不同之处。

图7-125所示为添加矢量蒙版后的图像效果及对应的"图层"面板。

图7-125　图像效果及"图层"面板

7.7.2　添加矢量蒙版

与添加图层蒙版一样，添加矢量蒙版同样能够得到两种不同的显示效果，即添加后完全显示图像及添加后完全隐藏图像。

在"图层"面板中选择要添加矢量蒙版的图层，执行"图层"|"矢量蒙版"|"显示全部"命令，或者按Ctrl键单击"图层"面板底部的"添加图层蒙版"按钮 ⊡ ，可以得到显示全部图像的矢量蒙版，此时的"图层"面板显示如图7-126所示。

如果执行"图层"|"矢量蒙版"|"隐藏全部"命令，或者按Ctrl+Alt组合键单击"图层"面板底部的"添加图层蒙版"按钮 ⊡ ，则可以得到隐藏全部图像的矢量蒙版，此时的"图层"面板显示如图7-127所示。

图7-126　"图层"面板

图7-127　添加图层蒙版

🔍 提　示

　　观察图层矢量蒙版可以看出，隐藏图像的矢量蒙版表现为灰色而非黑色。另外，在Photoshop CS6中，如果所选图层存在图层蒙版，此时可以在"属性"面板中单击⊡按钮以添加矢量蒙版。

7.7.3　编辑矢量蒙版

由于在矢量蒙版中所绘制的图形实际上是一条或者若干条路径，因此可以根据需要使用"路径选择工具" ▶ 、"添加锚点工具" ⊞ 等工具编辑矢量蒙版中的路径。

🔍 提　示

　　当图层矢量蒙版中的路径处于显示状态时，无法通过按Ctrl+T组合键对图像进行变换操作以将矢量蒙版中的路径进行变换。

7.7.4　删除矢量蒙版

要删除矢量蒙版，可以执行下列操作方法之一。

（1）选择要删除的矢量蒙版，单击"属性"面板底部的"删除蒙版"按钮 🗑 。

（2）执行"图层"|"矢量蒙版"|"删除"命令。

（3）选择要删除的矢量蒙版，直接按Delete键也可以将其删除。

（4）在要删除的矢量蒙版缩览图上单击鼠标右键，从弹出的快捷菜单中执行"删除矢量蒙版"命令。

🔍 提　示

　　如果要删除矢量蒙版中的某一条或者某几条路径，可以使用工具箱中的"路径选择工具" ▶ 将路径选中，然后按Delete键。

7.8 剪贴蒙版

Photoshop提供了一种被称为剪贴蒙版的技术，来创建以一个图层控制另一个图层显示形状及透明度的效果。

剪贴蒙版实际上是一组图层的总称，它由基底图层和内容图层组成，如图7-128所示。在一个剪贴蒙版中，基底图层只能有一个且位于剪贴蒙版的底部，而内容图层则可以有很多个，且每个内容图层前面都会有一个图标。

剪贴蒙版可以由多种类型的图层组成，如"文字"图层、形状图层以及在后面将介绍到的调整图层等，它们都可以用来作为剪贴蒙版中的基底图层或者内容图层。

使用剪贴蒙版能够定义图像的显示区域。图7-129所示

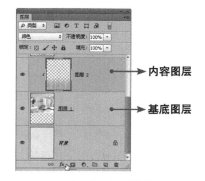

图7-128 剪贴蒙版

为原图像及对应的"图层"面板。图7-130所示为创建剪贴蒙版后的图像效果及对应的"图层"面板。

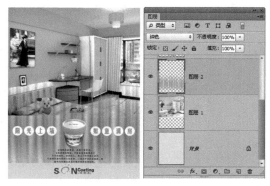

图7-129 原图像及对应的"图层"面板

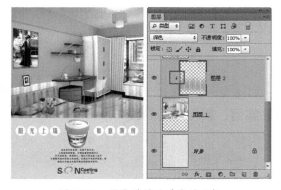

图7-130 图像效果及对应的面板

7.8.1 创建剪贴蒙版

要创建剪贴蒙版，可以执行以下操作之一。

（1）执行"图层"|"创建剪贴蒙版"命令。

（2）在选择内容图层的情况下，按Alt+Ctrl+G组合键创建剪贴蒙版。

（3）按住Alt键，将鼠标指针放置在基底图层与内容图层之间，当鼠标指针变为形状时单击鼠标左键。

（4）如果要在多个图层间创建剪贴蒙版，可以选中内容图层并确认该图层位于基层的上方，按照上述方法执行"创建剪贴蒙版"命令即可。

在创建剪贴蒙版后，仍可以为各图层设置混合模式、不透明度以及在后面将介绍的图层样式等。只有在两个连续的图层之间才可以创建剪贴蒙版。

创建剪贴蒙版后，可以通过移动内容图层，在基底图层界定的显示区域内显示不同的图像效果。图7-131所示为原图像。图7-132所示是移动内容图层后的效果。如果移动的是基底图层，则会使内容图层中显示的图像相对于画布的位置发生变化，如图7-133所示。

可以尝试通过设置剪贴蒙版的图层混合模式，将图像处理为如图7-134所示的效果。

图7-131　原图像　　　　图7-132　移动效果　　　　图7-133　变化效果　　　　图7-134　设置效果

▶ 7.8.2　取消剪贴蒙版

如果要取消剪贴蒙版，可以执行以下操作之一。

（1）按住Alt键，将鼠标指针放置在"图层"面板中两个编组图层的分隔线上，当鼠标指针变为形状时单击分隔线。

（2）在"图层"面板中选择内容图层中的任意一个图层，执行"图层"|"释放剪贴蒙版"命令。

（3）选择内容图层中的任意一个图层，按Alt+Ctrl+G组合键。

实例：制作电影海报

源　文　件：	源文件\第7章\7.8-2.psd
视频文件：	视频\7.8-2.avi

本例将利用剪贴蒙版功能，制作一幅电影海报。

01 打开随书所附光盘中的文件"源文件\第7章\7.8-2-素材1.psd"，如图7-135所示，其对应的"图层"面板如图7-136所示。

02 打开随书所附光盘中的文件"源文件\第7章\7.8-2-素材2.tif"，如图7-137所示。

03 使用"移动工具"，按住Shift键将其拖至本例第1步打开的文件中，得到"图层1"，并将该图层拖至"字母人"图层之上。

图7-135　素材图像　　　　　　图7-136　合并图层　　　　　　图7-137　打开素材

04 按Ctrl+Alt+G组合键执行"创建剪贴蒙版"操作，并使用"移动工具"调整图像的位置直至得到类似如图7-138所示的效果。

05 设置"图层1"的混合模式为"正片叠底"，得到如图7-139所示的效果。

06 最后结合"直线工具" 和"横排文字工具" 在图像底部输入文字并绘制直线，得到如图7-140所示的最终效果。

可以尝试使用图层样式功能，为机器人图像增加描边及投影效果，如图7-141所示。

图7-138 创建剪贴蒙版

图7-139 设置混合模式

图7-140 最终效果

图7-141 设置效果

7.9 拓展练习——上帝之手创意合成处理

源 文 件：	源文件\第7章\7.9.psd
视频文件：	视频\7.9.avi

本例是制作"手"主题的创意表现作品。在制作过程中，主要通过设置图层的属性，添加图层蒙版以及复制图层的方法来完成。

01 打开随书所附光盘中的文件"源文件\第7章\7.9-素材1.psd"，如图7-142所示，将其作为本例的"背景"图层。

🔍 提 示

下面利用素材图像，结合添加图层蒙版以及调整图层等功能，制作主体手图像。

02 打开随书所附光盘中的文件"源文件\第7章\7.9-素材2.psd"，使用"移动工具" 将其拖至软件窗口中，得到"图层1"。按Ctrl+T组合键调出自由变换控制框，按住Shift键向内拖动控制句柄以缩小图像并移动位置，按Enter键确认操作，得到的效果如图7-143所示。

图7-142 素材图像

图7-143 调整图像

03 单击"添加图层蒙版"按钮 ▣ 为"图层1"添加蒙版，设置前景色为黑色，选择"画笔工具" ，在其工具选项栏中设置适当的画笔大小及不透明度，在图层蒙版中进行涂抹，以将左上角的手腕图像隐藏起来，与背景融合，直至得到如图7-144所示的效果。图层蒙版中的状态如图7-145所示。

图7-144　添加图层蒙版后的效果

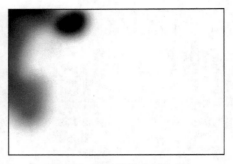
图7-145　图层蒙版中的状态

04 下面调整图像的色相。单击"创建新的填充或调整图层"按钮 ◉ ，在弹出的菜单中执行"色相/饱和度"命令，得到"色相/饱和度1"，按Ctrl+Alt+G组合键执行"创建剪贴蒙版"操作，设置面板中的参数如图7-146所示，得到如图7-147所示的效果。

图7-146　"色相/饱和度"面板

图7-147　执行"色相/饱和度"命令后的效果

05 复制"背景"得到"背景副本"，将其移至所有图层上方，按Ctrl+Alt+G组合键执行"创建剪贴蒙版"操作，结合自由变换控制框顺时针旋转180°，并向上移动位置，得到的效果如图7-148所示。设置当前图层的混合模式为"强光"，以提亮图像，得到的效果如图7-149所示。

06 按住Alt键将"图层1"拖至所有图层上方，得到"图层1副本"。删除其图层蒙版，并设置其混合模式为"叠加"，按Ctrl+Alt+G组合键执行"创建剪贴蒙版"操作，得到的效果如图7-150所示。

🔍 **提　示**

　　下面利用素材图像，应用路径，结合添加图层蒙版等功能制作飞机图像。

07 打开随书所附光盘中的文件"源文件\第7章\7.9-素材3.psd"，结合"移动工具" ⊕ 及变换功能，将其置于大拇指与食指上面，如图7-151所示。同时得到"图层2"，暂时隐藏"图层2"，以便勾画大拇指（指壳）的轮廓。

08 选择"钢笔工具" ，在工具选项栏上选择"路径"选项，将大拇指指壳轮廓勾画出来，如

图7-152所示。显示"图层2",按Ctrl+Enter组合键将路径转换为选区,按住Alt键单击"添加图层蒙版"按钮 ,得到的效果如图7-153所示。

图7-148 复制及调整图像

图7-149 设置混合模式后的效果

图7-150 复制及设置混合模式后的效果

图7-151 调整图像

图7-152 绘制路径

09 设置"图层2"的混合模式为"线性加深",以加深图像效果,得到的效果如图7-154所示。复制"图层2"得到"图层2副本",更改当前图层的混合模式为"正常",不透明度为50%,效果如图7-155所示。

图7-153 添加图层蒙版后的效果

图7-154 设置混合模式后的效果

10 复制"背景"图层得到"背景 副本2",将其拖至所有图层的上方,单击"添加图层样式"按钮 fx,在弹出的菜单中执行"混合选项"命令,在弹出的对话框中按Alt键分开"本图层"下方的黑色三角按钮,如图7-156所示,以融合图像,得到的效果如图7-157所示。

图7-155　更改图层属性后的效果

图7-156　"混合选项"设置

11 结合复制图层、编辑图层蒙版、调整图层等功能，完善手部及整体图像色彩效果，如图7-158所示。"图层"面板如图7-159所示。

图7-157　融合图像后的效果

图7-158　完善手部及整体图像色彩效果

> 🔍 **提示**
>
> 　　本步关于"色彩平衡"面板中的设置可参考最终效果文件。

12 选择"色彩平衡1"，按Ctrl+Alt+Shift+E组合键执行"盖印"操作，从而将当前所有可见的图像合并至一个新图层中，并将其重命名为"图层3"。

13 执行"滤镜"|"模糊"|"高斯模糊"命令，在弹出的对话框中设置"半径"数值为3，得到如图7-160所示的效果。设置"图层3"的混合模式为"滤色"，填充为60%，以融合图像，得到的效果如图7-161所示。

图7-159　"图层"面板

图7-160　应用"高斯模糊"后的效果

图7-161　设置图层属性后的效果

14 复制"图层3"得到"图层3
副本",更改当前图层的混
合模式为"柔光",以加深
图像的对比度,得到的最终
效果如图7-162所示。"图
层"面板如图7-163所示。

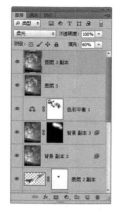

图7-162 最终效果   图7-163 "图层"面板

7.10 本章小结

本章主要介绍了在Photoshop中用于制作特殊效果及合成处理的图层样式、蒙版及混合模式等功能。通过本章的学习,读者应能够使用图层样式制作多种常用的投影、发光及立体感等效果,同时可以使用蒙版及混合模式功能,对图像进行融合处理,以满足创意合成、视觉表现及其他方面的合成需要。

7.11 课后习题

1. 单选题

(1) 若在图层上增加一个蒙板,当要单独移动蒙板时下面(   )操作是正确的。
   A. 首先单击图层上的蒙板,然后选择"移动工具"就可以了
   B. 首先单击图层上的蒙板,然后选择"全选用选择工具"拖拉
   C. 首先要解除图层与蒙板之间的链接,然后选择"移动工具"就可以了
   D. 首先要解除图层与蒙板之间的链接,再选择蒙板,然后选择"移动工具"就可以移动了

(2) 以下关于调整图层的描述错误的是(   )。
   A. 可通过创建"曲线"调整图层或者通过执行"图像"|"调整"|"曲线"菜单命令
      对图像进行色彩调整,两种方法都对图像本身没有影响,而且方便修改
   B. 调整图层可以在图层调板中更改透明度
   C. 调整图层可以在图层调板中更改图层混合模式
   D. 调整图层可以在图层调板中添加矢量蒙版

2. 多选题

(1) 下面有关图层面版中的不透明度调节与填充调节的之间的描述正确的是(   )。
   A. 不透明度调节将使整个图层中的所有像素作用
   B. 填充调节只对图层中填充像素起作用,如样式的投影效果等不起作用
   C. 不透明度调节不会影响到图层样式效果,如样式的投影效果等
   D. 填充调节不一定会影响到图层样式效果,如样式的图案叠加效果等

（2）对于图层蒙版下列（　　　）说法是正确的。

A．用黑色的"画笔工具"在图层蒙版上涂抹，图层上的像素就会被遮住

B．用白色的"画笔工具"在图层蒙版上涂抹，图层上的像素就会显示出来

C．用灰色的"画笔工具"在图层蒙版上涂抹，图层上的像素就会出现渐隐的效果

D．图层蒙版一旦建立，就不能被修改

3. 填空题

（1）设置_____数值可以仅改变图像的透明属性，而不影响图层样式的透明属性。

（2）要创建剪贴蒙版，可以按_____键。

（3）在当前存在路径的情况下，按住_____键单击"添加图层蒙版"按钮可以为当前图层添加矢量蒙版。

4. 判断题

（1）Photoshop中所有层都可改变不透明度。（　　　）

（2）用户可以自己创建样式存储在"图层样式"面板中。（　　　）

（3）图层蒙版与矢量蒙版之间可以相互转换。（　　　）

（4）不能直接对背景层添加调整图层。（　　　）

5. 上机操作题

（1）打开随书所附光盘中的文件"源文件\第7章\7.11上机操作题01-素材.psd"，如图7-164所示，利用剪贴蒙版及混合模式功能，制作如图7-165所示的效果。

图7-164　素材图像　　　　　　　　　　图7-165　制作效果

（2）打开随书所附光盘中的文件"源文件\第7章\7.11上机操作题02-素材1.jpg"和"源文件\第7章\7.11上机操作题02-素材2.jpg"，如图7-166所示，利用混合模式合成得到如图7-167所示的效果。

图7-166　打开图像　　　　　　　　　　图7-167　合成效果

第8章
3D模型处理

3D功能一直是Photoshop软件中最大的一项革新功能,从第一次加入3D功能到现在,已经经历了多次更新与升级,在功能上也日趋完善,能够完成一些常见的特效与立体效果制作等工作。本章介绍3D功能的使用方法与技巧。

学习要点

- 了解3D功能
- 了解"3D"面板
- 熟悉创建与导入3D模型的方法
- 了解栅格化3D模型的方法

- 熟悉设置模型位置与视角的方法
- 熟悉设置模型纹理映射的方法
- 熟悉设置3D光源的方法
- 熟悉设置模型渲染的方法

8.1 了解3D功能

自Photoshop CS3新增了3D功能后，之后的每个版本中，3D功能都明显地让人感觉到其逐步完善、功能逐渐强大的事实。Photoshop CS6在原有的强大功能基础上，又极大地简化并优化了3D对象的编辑与处理流程，并增加了新的体积建模、可拖动阴影等功能。

图8-1展示了导入的原始3D模型，图8-2所示为使用Photoshop的3D功能为该模型赋予纹理贴图，并渲染生成的效果。

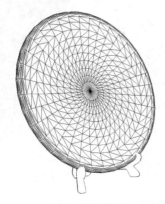

图8-1　原始模型

图8-2　渲染效果

▶ 8.1.1　了解3D面板

3D面板是3D模型的控制中心，执行"窗口"｜"3D"命令或在"图层"面板中双击某3D图层的缩览图，都可以显示如图8-3所示的"3D"面板。

默认情况下，"3D"面板被按下的是顶部的"整个场景"按钮，此时会显示每一个选中的"3D"图层中3D模型的网格、材质和光源，还可以在此面板对这些属性进行灵活的控制。

图8-4展示了分别单击"网格"按钮、"材质"按钮、"光源"按钮后"3D"面板的状态。

图8-3　"3D"面板

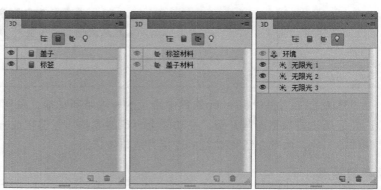

图8-4　面板状态

在大多数情况下，应该保持按钮被按下，以显示整个3D场景的状态，从而在面板上方的列表中单击不同的对象时，能够在"属性"面板中显示该对象的参数，以方便对其进行控制。

🔍 提 示

　　当在"3D"面板中选择不同的对象时，在画布中单击鼠标右键，即可弹出与之相关的参数面板，从而进行快速的参数设置。

▶ 8.1.2　导入3D模型

　　可以将这些软件制作的模型导出为3DS、DAE、FL3、KMZ、U3D、OBJ等格式，然后使用下面的方法将其导入至Photoshop中使用。

- 执行"文件"|"打开"命令，在弹出的对话框中直接打开三维模型文件，即可导入3D模型。
- 执行"3D"|"从3D文件新建图层"命令，在弹出的对话框中打开三维模型文件，即可导入3D模型。

▶ 8.1.3　栅格化3D模型

　　3D图层是一类特殊的图层，在此类图层中，无法进行绘画等编辑操作，因此必须将此类图层栅格化。

　　执行"图层"|"栅格化"|"3D"命令，或直接在此类图层中单击鼠标右键，从弹出的快捷菜单中执行"栅格化"命令，均可将此类图层栅格化。

8.2　创建3D模型

　　Photoshop提供了创建3D模型的多种方法，其中主要包括从外部导入、创建3D明信片以及创建预设3D形状等，下面将分别介绍它们的使用方法。

▶ 8.2.1　创建3D明信片

　　执行"3D"|"从图层新建网格"|"明信片"命令可以将平面图像转换为3D明信片两面的贴图材料，该平面图层也相应被转换为"3D"图层。

　　图8-5所示为一个平面图层，图8-6所示为执行此命令将其转换成3D明信片图层后，对其在3D空间内进行旋转的效果。

图8-5　原素材

图8-6　旋转效果

可以尝试将上面实例中的3D明信片
图像翻转至另外一面，得到如图8-7所示
的效果。

图8-7　翻转效果

▶ 8.2.2　创建预设3D形状

在Photoshop CS6中，可以执行"3D"|"从图层新建网格"|"网格预设"子菜单中的命令，
以创建新的3D模型（如锥形、立方体或者圆柱体等），并在3D空间中移动此3D模型、更改其渲
染设置、添加灯光或者将其与其他3D图层合并等，如图8-8所示。

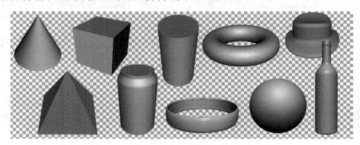

图8-8　3D模型

> 🔍 提　示
>
> 　　要创建3D模型，应该在"图层"面板中选择一个2D图层。如果选择"3D"图层，则无法执行
> "3D"|"从图层新建网格"|"网格预设"命令。

▶ 8.2.3　深度映射3D网格

执行"3D"|"从图层新建网格"|"深度映射到"子菜单中的命令，或在没有选择一个普通
图层的情况下，在"3D"面板中也可以执行"从灰度创建3D网格"命令，然后在下面的下拉菜
单中选择合适的选项，再单击"创建"按钮，即可将平面图像映射成为3D模型，其原理是将一
幅平面图像的灰度信息映射成3D物体的深度映射信息，从而通过置换生成深浅不一的3D立体表
面，下面是基本操作步骤。

01 打开随书所附光盘中的文件"源文件\第8章\8.2.3-素材.jpg"，如图8-9所示，将其确定为要转
换成为3D对象的图层。

02 执行"图像"|"模式"|"灰度"命令，或执行"图像"|"调整"|"黑白"命令将图像调整
为灰度效果（此操作可以跳过）。

03 执行"3D"|"从图层新建网格"|"深度映射到"命令，然后执行如下所述的各网格选项命
令，图8-10所示是执行"平面"命令得到的效果，如图8-11所示。

图8-9 素材图像

图8-10 深度映射到效果

图8-11 平面效果

- 平面：将深度映射数据应用于平面表面。
- 双面平面：创建两个沿中心轴对称的平面，并将深度映射数据应用于两个平面。
- 圆柱体：从垂直轴中心向外应用深度映射数据。
- 球体：从中心点向外呈放射状应用深度映射数据。

可以尝试使用上面的素材图像，试制作图8-12所示的3D模型效果。

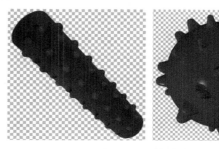

图8-12 3D模型效果

▶ 8.2.4 创建3D体积网格

　　在Photoshop CS6中，提供了一种新的创建网格的方法，即"体积"命令。使用它可以在选中两个或更多个图层时，依据图层中图像的明暗映射，来创建一个图像堆叠在一起的3D网格。

　　以图8-13所示的图像为例，将它们置一个图像文件中，然后将它们选中，再执行"3D"|"从图层新建网格"|"体积"命令，即可创建得到3D对象。图8-14所示是调整其位置、角度等属性后的效果，对应的"图层"面板如图8-15所示。

图8-13 原图像

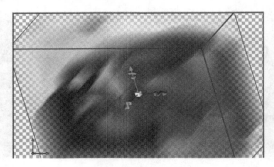

图8-14　体积效果　　　　　　　　　图8-15　"图层"面板

▶ 8.2.5　创建凸出模型

创建凸出模型功能最大的特点就在于，支持从"文字"图层、普通图层、选区以及路径等对象上创建模型，使创建模型的工作更加丰富、易用。下面介绍一些其创建及编辑方法。

在依据不同的对象创建模型时，也需要当前所选中的图层或当前画布中显示了相应的对象，如要依据路径创建模型，则当前应显示一条或多条封闭路径。

以图8-16所示的图像为例，其选区是在"通道"面板中，按住Ctrl键单击"Alpha 1"的缩览图载入的选区，此时选择图层"浪漫七夕"并执行"3D" | "从当前选区创建3D凸出"命令，或在"3D"面板的"源"下拉列表中选择"当前选区"选项，并在面板中选择"3D凸出"选项，单击"创建"按钮后，即可以当前的选区为轮廓、以当前图层中的图像为贴图，创建一个3D模型。默认情况下，即可生成一个凸出模型，图8-17所示是适当调整其光源属性后的效果及对应的"3D"面板。

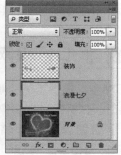

图8-16　图像素材

图8-17　3D凸出效果

可以尝试通过编辑边界约束，为左侧的"浪"字增加一个心形的镂空效果，如图8-18所示。

图8-18　镂空效果

8.2.6　从文字生成3D模型

在Photoshop CS6中，可以从"文字"图层创建凸出模型，可以输入并设置文字的基本属性，然后执行"3D"|"从所选图层创建3D凸出"命令即可。

另外，在使用"文本工具"刷黑选中文字的情况下，也可以单击其工具选项栏上的▣按钮，从而快速将文字转换为3D模型。

图8-19所示是在图像中输入字母"T"及设置了适当的字符属性后的状态；图8-20所示是创建3D凸出并调整了其角度后的效果。

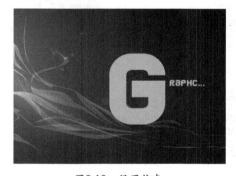

图8-19　设置状态

图8-20　调整效果

8.3　设置模型位置

Photoshop提供了针对3D模型进行编辑的多个工具，其中主要包括3D轴、模型编辑工具以及参数精确设置模型等。下面将分别介绍它们的使用方法。

8.3.1　使用3D轴编辑模型

3D轴用于控制3D模型，使用3D轴可以在3D空间中移动、旋转、缩放3D模型。要显示如图8-21所示的3D轴，需要在选择"移动工具"的情况下，在"3D"面板中选择"场景"，如

图8-22所示，此时可以对模型整体进行调整，若是选中了模型中的单个网络，则可以仅对该网络进行编辑。

在3D轴中，红色代表X轴，绿色代表Y轴，蓝色代表Z轴。

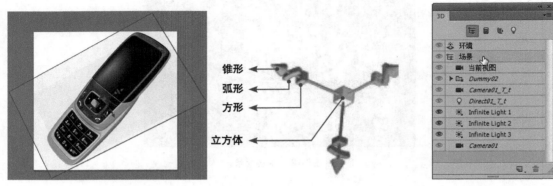

图8-21　原素材　　　　　　　　　　　　　　　　　　图8-22　整体调整

要使用3D轴，将光标移至轴控件处，使其高亮显示，然后进行拖动，根据光标所在控件的不同，操作得到的效果也各不相同，详细操作如下所述。

- 要沿着X、Y或Z轴移动3D模型，将光标放在任意轴的锥形，使其高亮显示，拖动左键即可以任意方向沿轴拖动，状态如图8-23所示。

图8-23　沿轴拖动效果

- 要旋转3D模型，单击3D轴上的弧线，围绕3D轴中心沿顺时针或逆时针方向拖动圆环，拖动过程显示的旋转平面指示旋转的角度。
- 要沿轴压缩或拉长3D模型，则将光标放在3D轴的方形上，然后左右拖动即可。
- 要缩放3D模型，则将光标放在3D轴中间位置的立方体上，然后向上或向下拖动。

▶ 8.3.2　使用工具调整模型

除了使用3D轴对3D模型进行控制外，还可以使用工具箱中的"3D模型控制工具"对其进行控制。在Photoshop CS6中，所有用于编辑3D模型的工具都被整合在"移动工具"的选项栏上，选择任何一个3D模型控制工具后，"移动工具"的选项栏将显示为如图8-24所示的状态。

图8-24　"移动工具"选项栏

工具箱中的5个控制工具与工具选项栏左侧显示的5个工具图标相同，其功能及意义也完全相同，下面分别介绍。

- "旋转3D对象工具" ⊙：拖动此工具可以将对象进行旋转。
- "滚动3D对象工具" ◎：此工具以对象中心点为参考点进行旋转。
- "拖动3D对象工具" ✥：此工具可以移动对象的位置。
- "滑动3D对象工具" ✥：此工具可以将对象向前或向后拖动，从而放大或缩小对象。
- "缩放3D对象工具" ▣：此工具将仅调整3D对象的大小。

8.4 3D模型的网格

简单地说，3D网格代表了当前3D图层中这个模型是由哪些独立的对象组合而成。要对网格进行操作，可以在"3D"面板顶部单击"网格"按钮 ▣，使其仅显示当前3D物体的网格。

以Photoshop提供的立体环绕模型为例，默认提供了一个立体环绕网格，如图8-25所示。

图8-26所示是从三维软件中导出的模型，都是由非常复杂的网格组成的。

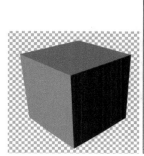 

图8-25 立体环绕网路

图8-26 导出的模型

在Photoshop CS6中，可以在选择"移动工具"的情况下，选择工具选项栏上的各个模型编辑工具，然后在要选中的网格上单击，即可将其选中，如图8-27所示。这种方法较适用于选择较大的网格，若是小网格，则不容易选中，此时可以在"3D"面板中进行选择。

网格是模型的组成部分，因此其设定直接影响了模型最终的形态以及其他一些基本属性，在选中一个网络后，双击其名称即可为其进行重命名。

另外，选中一个网格后，可以在"属性"面板中设

图8-27 选择工具

置"捕捉阴影"、"投影"、"不可见"选项，以及"坐标"等属性，其功能前面已经介绍，故不再赘述。

8.5 类纹理功能详解

材质是指当前3D模型中可设置贴图的区域，一个模型中可以包含多个材质，而且每个材质又可以设置12种纹理，且这些纹理中的大部分可以设置相应的图像内容，即纹理贴图。

综合调整12种纹理属性，就能够使不同的材质展现出千变万化的效果，下面分别进行介绍。

- 漫射：这是最常用的纹理映射，在此可以定义3D模型的基本颜色，如果为此属性添加了漫射纹理贴图，则该贴图将包裹整个3D模型，如图8-28所示。

图8-28　漫射纹理

- 镜像：在此可以定义镜面属性显示的颜色。
- 发光：此处的颜色指由3D模型自身发出的光线的颜色。
- 环境：设置在反射表面上可见的环境光颜色，该颜色与用于整个场景的全局环境色相互作用。
- 闪亮：低闪亮值（高散射）产生更明显的光照，而焦点不足。高反光度（低散射）产生较不明显、更亮、更耀眼的高光，此参数通常与"粗糙度"组合使用，以产生更多光洁的效果。
- 反射：此参数用于控制3D模型对环境的反射强弱，需要通过为其指定相对应的映射贴图以模拟对环境或其他物体的反射效果。图8-29所示是设置了"环境"纹理贴图并将"反射"值分别设置5、20、50时的效果。

图8-29　设置效果

🔍 **提示**

这里提到的"环境"是指"属性"面板右下角的参数。

- 粗糙度：在此定义来自灯光的光线经表面反射折回到人眼中的光线数量。数值越大则表示模型表面越粗糙，产生的反射光就越少；反之，数值越小，则表示模型表面越光滑，产生的反射光也就越多。此参数常与"闪亮"参数搭配使用，图8-30所示为不同的参数组合所取得的不同效果。

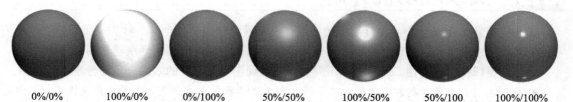

| 0%/0% | 100%/0% | 0%/100% | 50%/50% | 100%/50% | 50%/100 | 100%/100% |

图8-30　粗糙度效果

● 凹凸：在材质表面创建凹凸效果，此属性需要借助于凹凸映射纹理贴图。凹凸映射纹理贴图是一种灰度图像，其中较亮的值创建凸出的表面区域，较暗的值创建平坦的表面区域。下面仍然使用展示"漫射"贴图时的模型及贴图，将两幅纹理贴图再设置为"凹凸强度"纹理的贴图，通过设置显示的参数，得到如图8-31所示的效果。从中可以看出，模型表面已经具有了非常深的凸凹感。此方法也可以用于模拟各种质地较为坚硬的物体，如金属、岩石等。

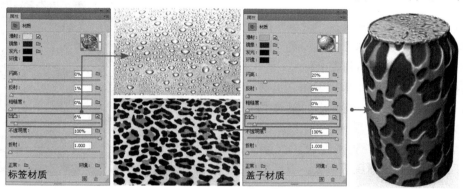

图8-31　设置显示参数的效果

● 不透明度：此参数用于定义材质的不透明度，数值越大，3D模型的透明度越高。而3D模型不透明区域则由此参数右侧的贴图文件决定。贴图文件中的白色使3D模型完全不透明，而黑色则使其完全透明，中间的过渡色可取得不同级别的不透明度。图8-32所示是将盖子材质的"不透明度"数值分别设置为0和70%时的效果。

● 折射：在此可以设置折射率。

● 正常：像凹凸映射纹理一样，正常映射用于为3D模型表面增加细节。与基于灰度图像的

图8-32　不透明度效果

凹凸纹理不同，正常映射基于RGB图像，每个颜色通道的值代表模型表面上正常映射的X、Y和Z分量。正常映射可使多边形网格的表面变得平滑。

● 环境：环境映射模拟将当前3D模型放在一个有贴图效果的球体内，3D模型的反射区域中能够反映出环境映射贴图的效果。图8-33所示的为易拉罐"标签材质"设置的"环境"纹理贴图，图8-34所示为易拉罐的瓶身部分获得金属效果前后的对比图。

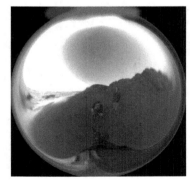

图8-33　"环境"纹理贴图

图8-34　金属效果前后对比图

要为某一个纹理新建一个纹理贴图，可以按下面的步骤进行操作。

01 在"属性"面板中单击要创建的纹理类型右侧的"编辑纹理"按钮。

02 在弹出的菜单中执行"新建纹理"命令。

03 在弹出的对话框中，输入新映射贴图文件的名称、尺寸、分辨率和颜色模式，然后单击"确定"按钮。

04 此时新纹理的名称会显示在"材质"面板中纹理类型的旁边。该名称还会添加到"图层"面板3D图层下的纹理贴图列表中。

若要打开、载入或删除纹理贴图，也可以按照上述步骤中第1步的方法，在弹出的菜单中执行相应的命令即可。

可以尝试打开前面处理得到的3D文字文件，为其编辑贴图及其模型厚度等属性，直至得到类似如图8-35所示的效果。

图8-35　设置效果

8.6　3D模型的光源

在Photoshop中不仅可以利用导入3D模型时模型自带的光源，还可以全新的方式创建3类不同的光源，包括无限光、聚光灯、点光。

▶ 8.6.1　在"3D"面板中显示光源

在Photoshop中，可以在"3D"面板中单击"光源"按钮，使"3D"面板仅显示当前3D模型的光源。图8-36所示为一个3D模型，图8-37所示为其光源显示情况，图8-38所示是对应的"属性"面板。

图8-36　3D模型

图8-37　"3D"面板

图8-38　"属性"面板

▶ 8.6.2　添加光源

Photoshop CS6提供了3类光源类型。

- 点光发光的原因类似于灯泡，向各个方向均匀发散式照射。

- 聚光灯照射出可调整的锥形光线，类似于影视作品中常见的探照灯。
- 无限光类似于远处的太阳光，从一个方向平面照射。

　　要添加光源，可单击"3D"面板中的"将新光照添加到场景"按钮，然后在弹出的菜单中选择一种要创建的光源类型即可。以图8-39所示的模型为例，图8-40所示分别为添加了这3种光源后的渲染效果。

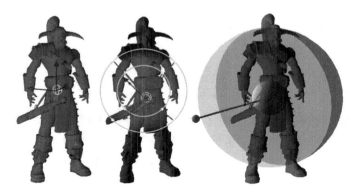

图8-39　原模型　　　　　　　　　　图8-40　添加效果

▶ 8.6.3　删除光源

　　要删除光源，可在"3D"面板上方的光源列表中选择要删除的光源，然后单击面板底部的"删除"按钮🗑即可。

⇨ 实例：使用三维模式制作立体包装效果

源　文　件：	源文件\第8章\8.6.psd
视频文件：	视频\8.6.avi

　　本例将利用贴图、调整光源等功能，制作一个包装盒的立体效果。

01 双击软件空白区域，弹出"打开"对话框，从中选择随书所附光盘中的文件"源文件\第8章\8.6-素材1.3ds"，按Enter键确认，导入3D文件，图8-41为打开后的状态，图8-42为"图层"面板的状态。

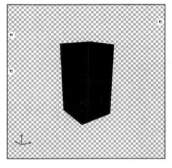

图8-41　打开素材的状态　　　　　　图8-42　"图层"面板

02 下面将为当前的模型添加光照使其立体感显示出来。单击"将新光照添加到场景"按钮，在弹出的菜单中执行"无限光"命令，得到如图8-43所示的效果，同时得到"无限光1"，如图8-44所示。

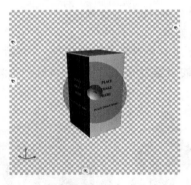

图8-43　无限光效果　　　　　　　　　　图8-44　无限光1

03 下面为模型设置贴图，双击"图层1"下面的"侧面贴图"，在弹出的文件中，执行"文件"|"置入"命令，在弹出的对话框中打开随书所附光盘中的文件"源文件\第8章\8.6-素材2.tif"。

04 按Enter键确认置入，然后按Ctrl+W组合键关闭当前文件，在弹出的提示框中单击"是"按钮，从而保存对贴图的修改，并返回模型文件中，得到如图8-45所示的效果。

05 按照上一步的方法，编辑"顶面贴图"并在其中置入随书所附光盘中的文件"源文件\第8章\8.6-素材3.tif"，得到如图8-46所示的效果。

06 在设置贴图完成后，下面继续调整灯光，使之更明亮。在"3D"面板中选择"无限光1"，然后在"属性"面板中提高其"强度"，如图8-47所示，得到如图8-48所示的效果。图8-49所示是将立体效果应用于招贴后的效果。

　　可以尝试通过编辑3D模型的坐标位置，结合图层蒙版等功能，制作如图8-50所示的逼真倒影效果。

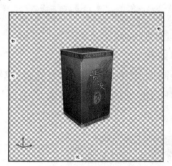

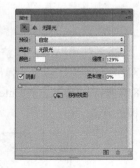

图8-45　修改贴图　　　　　图8-46　编辑顶面贴图　　　　　图8-47　提高强度

图8-48　提示的效果　　　　　图8-49　立体效果　　　　　图8-50　倒影效果

8.7 更改3D模型的渲染设置

在Photoshop CS6中，渲染功能被整合在"属性"面板中，在"3D"面板中选择"场景"后，即可在"属性"面板中设置相关的参数，如图8-51所示。

在创建及编辑3D模型的过程中，此时无论是模型的质量、光线的准确性以及模型的阴影等，都不会显示出来，一切只为了以最快的速度预览模型的大致效果。在此品质下，模型边缘常常会带有较多的锯齿，而对于高品质的图像以及光影等效果，则需要在渲染后才可以显示出最终的效果。

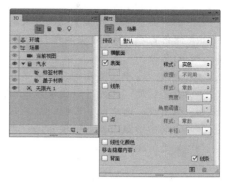

图8-51　设置参数

在Photoshop CS6中，要渲染3D模型，可以在选中要渲染的"3D"图层后，在"属性"面板底部单击"渲染"按钮 ，即开始根据设置的参数进行渲染。

高品质的渲染速度较慢，因此在进行渲染时，如果发现已经了解了渲染结果，则可以随时按Esc键停止进行渲染，此时"3D"面板中的"渲染"按钮 将变为"恢复渲染"按钮 ，单击此按钮即可继续前一次的渲染结果。

> 🔍 **提　示**
>
> 当对3D模型的参数进行了任意设置时，则"恢复渲染"按钮 将重新变为"渲染"按钮 ，即无法再继续上一次的结果进行渲染。

▶ 8.7.1　预设渲染

Photoshop提供了多达20种标准渲染预设，并支持载入、存储、删除预设等功能，在"预设"下拉菜单中选择不同的项目即可进行渲染。

▶ 8.7.2　横截面渲染

如果希望展示3D模型的结构，最好的方法是启用横截面渲染效果，即在"属性"面板中选中"横截面"复选框，按照如图8-52所示设置"横截面"渲染选项的参数即可。图8-53所示为原3D模型效果，图8-54所示为横截面渲染效果。

图8-52　设置参数

图8-53　3D模型效果

图8-54　横截面渲染效果

- 切片：如果希望改变剖面的轴向，可以选择"X轴"、"Y轴"、"Z轴"选项。此选项同时定义"位移"及两个"倾斜"数值的轴向。
- 位移：如果希望移动渲染剖面相对于3D模型的位置，可以在此参数右侧输入数值或拖动滑块条，其中拖动滑块条就能够看到明显的效果。
- 倾斜Y/Z：如果希望以倾斜的角度渲染3D模型的剖面，则可以控制"倾斜 Y"和"倾斜 Z"处的参数。
- 平面：选中此复选框，渲染时显示用于切分3D模型的平面，其中包括了X、Y或Z三个选项。
- 不透明度：此处可以设置横截面处平面的透明属性。
- 相交线：选中此复选框，渲染时在剖面处显示一条线，在此右侧可以控制该平面的颜色。
- "互换横截面侧面"按钮：单击此按钮，可以交换渲染区域。
- 侧面A/B：单击此处的两个按钮，可分别显示横截面A侧或B侧的内容。

▶ 8.7.3 表面渲染

如果希望3D物体以实体面的形式渲染出来，则应该选中"表面"复选框，然后在其中设置各个参数，以确定如何渲染模型的表面。

- 样式：在此下拉列表中，显示了用于渲染模型表面的预设渲染方式。
- 颜色：当选择"常数"、"外框"等样式时，此处的颜色块将被激活，在弹出的对话框中可以为渲染得到的表面设置颜色。
- 纹理：在"样式"下拉列表中选择"未照亮的纹理"选项后，此下拉列表会被激活，在其中可以选择未照亮的纹理类型，以进行渲染。

▶ 8.7.4 线条渲染

如果希望3D物体以线框的形式渲染出来，应该选中"线条"复选框，然后在其中设置各个参数，以确定如何渲染模型的线条。

- 样式：在此下拉列表中，显示了用于渲染模型线条的预设渲染方式。
- 颜色：单击此区域中的颜色块，在弹出的对话框中可以为渲染得到的线条设置颜色。
- 宽度：此参数指定渲染时线条的宽度（以像素为单位）。
- 角度阈值：此参数决定了构成整个3D模型的线条的出现状态。当模型中的两个多边形在某个特定角度相接时，会形成一条折痕或线，如果边缘在小于"角度阈值"设置(0°～180°)的某个角度相接，则Photoshop会隐藏其形成的线，反之则会显示这条折痕或线；若此参数设置为0，则显示整个线框。图8-55所示为此数值为0时的渲染效果，图8-56所示为此数值被设置为5时的渲染效果。

图8-55　数值为0时的效果

图8-56　数值为5时的效果

8.7.5　点渲染

如果希望3D物体以点的形式渲染出来，则应该选中"点"复选框，然后在其中设置各个参数，以确定如何渲染模型的点。

- 样式：在此下拉列表中，显示了用于渲染模型点的预设渲染方式。
- 颜色：单击此区域中的颜色块，在弹出的对话框中可以为渲染得到的点设置颜色。
- 半径：此数值决定每个顶点的像素半径，图8-57所示为不同的数值得到的不同的渲染效果。

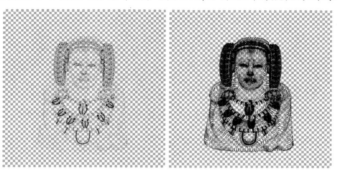

图8-57　渲染效果

8.7.6　渲染选项

在"属性"面板的底部，还可以设置一些渲染时的选项，其介绍如下。

- 线性化颜色：将可以对场景中的颜色进行线性化处理。
- 背面：在"移去隐藏内容"区域中，选中"背面"复选框，将隐藏双面模型背面的表面，此选项对3D物体有透明区域时影响明显。
- 线条：在"移去隐藏内容"区域中，选中"线条"复选框，将隐藏模型中的线条。

8.8　拓展练习——制作具有强烈光泽感的球体

源　文　件：	源文件\第8章\8.8.psd
视频文件：	视频\8.8.avi

本节介绍制作一个带有强烈光泽感的球体，其具体操作步骤如下所述。

01　打开随书所附光盘中的文件"源文件\第8章\8.8-素材1.psd"，如图8-58所示。

02　创建一个图层得到"图层1"，设置前景色的颜色值为87c931，按Alt+Delete组合键进行填充。

03　执行"3D"|"从图层新建网格"|"网格预设"|"球体"命令，以创建得到一个球体模型，并使用"滑动3D对象"工具调整其大小及位置，得到如图8-59所示的效果。

图8-58　素材文件

04　在"3D"面板中选择"球面材质"，然后在"属性"面板中单击右下角的"环境"按钮，在弹出的菜单中执行"载入纹理"命令，在弹出的

对话框中打开随书所附光盘中的文件"源文件\第8章\8.8-素材2.psb",然后在"属性"面板中继续设置参数,如图8-60所示,得到如图8-61所示的效果。

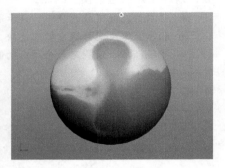

图8-59 球体模型 　　　　　图8-60 参数设置　　　　　图8-61 设置后的效果

05 单击"3D"面板底部的"创建新光源"按钮,在弹出的菜单中执行"无限光"命令,添加得到如图8-62所示的光源效果。

06 向下旋转光源的角度,直至得到类似如图8-63所示的效果。

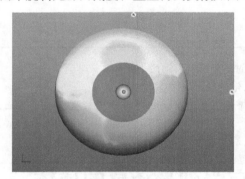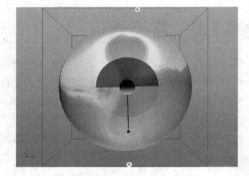

图8-62 添加效果　　　　　　　　　图8-63 旋转效果

07 下面设置球体的阴影。在"3D"面板中选择"无限光1",然后在"属性"面板中设置其阴影参数,如图8-64所示。

08 设置完成后,单击"属性"面板右下角的"渲染"按钮,直至渲染得到最佳质量为止,如图8-65所示。

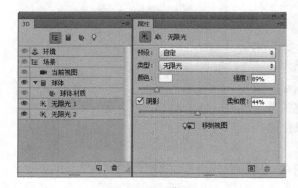

图8-64 设置参数　　　　　　　　图8-65 渲染效果

8.9 本章小结

本章主要介绍了Photoshop中的3D功能。通过本章的学习，读者应能够熟悉各种常用的模型创建与编辑操作，并对为3D模型设置纹理、材质、灯光以及渲染等参数，有一个整体的了解，尤其对常用的3D文字效果，应有一个较高的认识，并能够较熟练地对其进行编辑设置。

8.10 课后习题

1. 单选题

（1）下列无法在Photoshop中创建的3D对象是（　　）。

A．明信片　　　　　　　　　　　B．体积

C．锥形　　　　　　　　　　　　D．树形

（2）下列可以改变模型大小及位置的工具是（　　）。

A．移动工具　　　　　　　　　　B．拖动3D对象工具

C．滑动3D对象工具　　　　　　　D．滚动3D对象工具

2. 多选题

（1）下列可以显示"3D"面板的方法有（　　）。

A．执行"窗口"|"3D"命令　　　　B．双击3D图层的缩览图

C．按F3键　　　　　　　　　　　D．按F4键

（2）下列可以创建的网格预设有（　　）。

A．帽子　　　　　　　　　　　　B．金字塔

C．全景球体　　　　　　　　　　D．球体

（3）在Photoshop中，可以为3D对象设置（　　）。

A．灯光　　　　　　　　　　　　B．纹理

C．渲染参数　　　　　　　　　　D．阴影

3. 填空题

（1）3D对象的渲染方式主要有_____、_____和_____3种。

（2）_____是依据所选图像的亮度来创建模型的。

4. 判断题

（1）要为某个材质设置纹理，首先要将其选中，然后在"属性"面板中进行设置。（　　）

（2）在为3D对象应用滤镜或执行变换操作前，先要将其转换为智能对象图层。（　　）

（3）在创建3D对象前，至少要选中两个或更多图层。（　　）

5. 上机操作题

（1）打开随书所附光盘中的文件"源文件\第8章\8.10上机操作题01-素材.psd"，如图8-66所示，结合本章介绍的制作 3D文字的方法，制作如图8-67所示的效果。

图8-66 素材图像   图8-67　3D文字效果

（2）打开随书所附光盘中的文件"源文件\第8章\8.10上机操作题02-素材1.psd"和"第8章\8.10上机操作题02-素材2.hdr"，如图8-68所示。绘制一个酒瓶模型，然后制作如图8-69所示的效果。

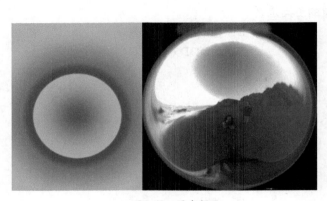

图8-68　原素材   图8-69　酒瓶模型

第9章
文本与样式

对绝大部分作品来说，文字都是其中不可或缺的一部分。Photoshop虽然不是专业的排版软件，但也提供了很丰富的文本控制功能，甚至在CS6中还增加了用于对大量文本进行属性控制的文本样式与段落样式功能，以利于用户更好地对大段文本进行控制。本章介绍创建与编辑文本属性的方法。

学习要点

- 掌握输入文本的方法
- 掌握格式化字符属性的方法
- 掌握格式化段落属性的方法
- 熟悉定义与应用样式的方法
- 熟悉输入路径绕排文字的方法
- 熟悉制作异形文本块的方法
- 熟悉转换文本的方法

9.1 输入文本

▶ 9.1.1 输入横排或直排文本

Photoshop中包括两种直接输入文字的工具（另外两个工具用于输入文字选区，将在后面进行介绍），即"横排文字工具" T 和"直排文字工具" IT 。

顾名思义，"横排文字工具" T 就是用来输入横排文字。例如本节示例中就是使用"横排文字工具" T 来输入英文的；而"直排文字工具" IT 则可以输入直排文字。

另外，Photoshop还允许进行横排与直排文字的转换，其操作方法如下所述。

- 选择要转换的"文字"图层，再执行"图层"|"文字"|"垂直"或"水平"命令即可。
- 在"文字"图层的名称上单击鼠标右键，从弹出的快捷菜单中执行"垂直"或"水平"命令即可。
- 单击"文字工具"选项栏中最左侧的"更改文本方向"按钮 IT 即可。

⇒ 实例：输入并编排电影海报文字

源 文 件：	源文件\第9章\9.1.1.psd
视频文件：	视频\9.1.1.avi

本例将以一个电影海报为例，介绍输入与编辑字符属性的方法。

`01` 打开随书所附光盘中的文件"源文件\第9章\9.1.1-素材.tif"，如图9-1所示。

`02` 执行"窗口"|"字符"命令弹出"字符"面板，并按照图9-2所示进行参数设置。

`03` 在文本光标后输入字母"The"，按Enter键进行换行操作。按照同样的方法，分别输入"Crocodile"和"Hunter"。

`04` 按照上一步的方法，分别输入"Crocodile"和"Hunter"，如图9-3所示。

图9-1 素材图像

图9-2 "字符"面板

图9-3 输入其他文字

`05` 按Ctrl+Enter组合键确认文字输入，此时将在"图层"面板生成一个对应的"文字"图层，如图9-4所示。

`06` 使用"横排文字工具" T 将第2行中的首字母"C"选中，并在"字符"面板中将其字符大小设置为72点，如图9-5所示，得到如图9-6所示的效果。

图9-4 "图层"面板

图9-5 设置文字大小

图9-6 设置文字大小后的效果

> **提 示**
>
> 　　在为任何文字设置格式前都要先将其选中，如果要对当前"文字"图层中的所有文字都进行格式设置，那么可以选中所有的文字或直接选择对应的"文字"图层，然后在"字符"面板中设置参数即可。
>
> 　　字符"C"不是设置任何大小都可以的，在下面的操作中，要将单词"The"也置于字母"C"的后面，所以该字母的高度要等于或略大于2行30点大小的文字。

07 使用"横排文字工具" T 在第1行首字母"T"前单击以插入光标，连续按空格键以插入空格，从而向后调整"The"的位置，直至将其移到字母"C"的后面，如图9-7所示。

08 使用"横排文字工具" T 将第1行的"The"选中，并在"字符"面板中设置其基线调整偏移数值为-60点，如图9-8所示，得到如图9-9所示的效果。按Ctrl+Enter组合键确认文本输入。

图9-7 向后移动文字

图9-8 设置"基线偏移"参数

09 按照上述方法对文字"Hunter"进行调整，直至得到如图9-10所示的效果。

10 单击"字符"面板中的颜色块，在弹出的"拾色器"对话框中设置文字颜色值为#f6a43f，得到如图9-11所示的效果。

11 按照上述方法在图像中分别输入"Steve Irwin"、"Collision Course"和"THIS SUMMER CROCS RULE"，得到如图9-12所示的效果。

图9-9　移动文字位置　　　　　　　　图9-10　修改其他文字的位置

图9-11　设置文字颜色　　　　　　　　图9-12　输入其他文字

> **提 示**
>
> 　　在按照本步骤输入文字时，不要在原电影名称文字的附近单击，那样可能会将光标插入到电影名称文字中。可以先在其他位置输入文字，确认文字输入后，再使用"移动工具" 摆放文字的位置。

　　图9-13所示为本例制作的电影海报整体效果，此时的"图层"面板如图9-14所示。
　　用户可以尝试修改本例中的字体及文字颜色，得到如图9-15所示的效果。

图9-13　整体效果　　　　图9-14　"图层"面板　　　　图9-15　最终效果

9.1.2　输入点文字

　　点文字及段落文字是文字在Photoshop中存在的两种不同形式，无论用哪一种"文字工具"创建的文本都将以这两种形式之一存在。

点文字的文字行是独立的，即文字行的长度随文本的增加而变长，且不会自动换行，如果需要换行则必须按Enter键。

01 打开随书所附光盘中的文件"源文件\第9章\9.1.2-素材.psd"，选择"横排文字工具" T.。

02 用鼠标在画布中单击，插入文字光标，效果如图9-16所示。

03 在工具选项栏、"字符"面板或者"段落"面板中设置文字属性。

04 在文字光标后面键入所需要的文字后，单击"提交所有当前编辑"按钮✓以确认操作，图9-17所示为点文字效果。

▶ 9.1.3　编辑点文字

要对输入完成的文字进行修改或编辑，有以下两种方法可以进入文字编辑状态。

- 选择"文字工具"，在已输入完成的文字上单击，将出现一个闪动的光标，即可对文字进行删除、修改等操作。

- 在"图层"面板中双击"文字"图层缩略图，相对应的所有文字将被刷黑选中，可以在"文字工具"的工具选项栏中通过设置文字的属性，对所有的文字进行字体、字号等文字属性的更改。

图9-16　插入文字光标　　　　　图9-17　点文字效果

▶ 9.1.4　输入段落文字

要创建段落文字，选择"文字工具"后在图像中单击并拖曳光标，拖动过程中将在图像中出现一个虚线框，如图9-18所示。释放鼠标左键后，在图像中将显示段落定界框，如图9-19所示，然后在段落定界框中输入相应的文字即可。

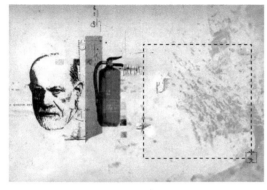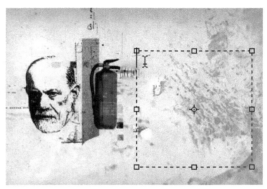

图9-18　拖曳光标　　　　　　　图9-19　段落定界框

9.2 格式化字符属性

　　Photoshop中所有文字格式的设置参数都被集成在"字符"面板中，可以在选择任意一个"文本工具"的情况下，单击工具选项栏中的切换字符和"段落面板"按钮▥，弹出如图9-20所示的"字符"面板。

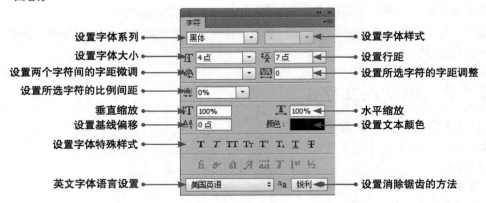

图9-20　"字符"面板

　　"字符"面板中的重要参数及选项意义如下所述。

* 垂直缩放 IT、水平缩放 T：设置文字水平或者垂直缩放的比例。选择需要设置比例的文字，在 IT 或者 T 数值框中键入百分数，即可调整文字的水平缩放或者垂直缩放的比例。如果数值大于100%，文字的高度或者宽度增大；如果数值小于100%，文字的高度或者宽度缩小。图9-21所示为原文字效果，图9-22所示为在 IT 数值框中键入150%后的效果。

图9-21　原图像　　　　　　　　　　图9-22　键入效果

* 设置行距：在此数值框中输入数值或在下拉菜单中选择一个数值，可以设置两行文字之间的距离，数值越大行间距越大。图9-23所示是为同一段文字应用不同行间距后的效果。

图9-23　为段落设置不同行间距的效果

- 设置所选字符的字距调整：此数值控制了所有选中的文字的间距，数值越大字间距越大。图9-24所示是设置不同字间距的效果。

图9-24 设置不同字间距的效果

- 设置所选字符的比例间距 ：此数值控制了所有选中文字的间距。数值越大，间距越大。图9-25所示是设置不同文字间距的效果。

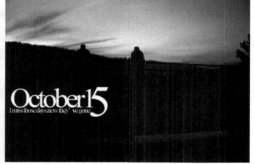

图9-25 比例间距效果

- 设置基线偏移：此参数仅用于设置选中的文字的基线值，对于水平排列的文字而言，正数向上偏移、负值向下偏移。图9-26所示是原文字及基线偏移数值设置为30pt的效果。

图9-26 调整基线位置

- 设置字体特殊样式：单击其中的按钮，可以将选中的文字改变为此种形式显示。其中的按钮依次为仿粗体、仿斜体、全部大写字母、小型大写字母、上标、下标、下画线和删除线。图9-27所示为原图，图9-28和图9-29所示为单击全部大写及小型大写按钮后的效果图。
- 设置消除锯齿的方法：在此下拉列表中选择一种消除锯齿的方法。

图9-27　原图

图9-28　单击"全部大写字母"
按钮的效果

图9-29　单击"小型大写字母"
按钮的效果

▶ 9.2.1　经验之谈——设计中字号的运用

文字内容通常可以分为两种类型，一类是具有提示和引导功能的文字，如书刊的题名篇目、广告和宣传品的导语口号等；另一类是篇幅较长的阅读材料和说明性的文字，如书刊的正文、图版说明和广告的文案、包装盒上的商品介绍等。前者必须诱发不同程度的视觉关注，后者则对易读性有较高的要求。

因此，题名、篇目、广告文字、宣传语等需要引起注意的文字必须使用较大的字号来编排，而内文或说明性的文字则可以使用较小、阅读性较好的文字来编排。例如在图9-30所示的广告中，所有用于说明汽车性能的数字均使用了较大的字号，以吸引浏览者的注意力，当浏览者对广告发生了兴趣后，自然会转而阅读字号较小、内容较丰富的说明性文字。

按文字的重要程度，将文字编排成大小不一、错落有致的文字组合，是需要设计师长时间练习的一种基本技能，无法轻松驾驭文字的排列、组合，不可能成为一个好的设计师。图9-31所示的广告均在字号方面有出色设计。

图9-30　字号运用得当的广告

图9-31　字号运用得当的广告欣赏

为了醒目标题，用字的字号一般在14点以上，而正文用字一般为9~12点，文字多的版面，字号可为7~8点，字越小精密度越高，整体性越强，但阅读效果也越差。

当然，上面指出的数值也需要根据具体的版面大小而灵活变化。

▶ 9.2.2 经验之谈——设计中中文字体的运用

字体是文字的外观表象，不同的字体能够通过不同的表象带来不同的情感体验。设计领域的专家们发现，由细线构成的字体易让人联想到纤维制品、香水、化妆品等物品，笔画拐角圆滑的文字易让人联想到香皂、糕点和糖果等物品，而笔画具有较多角形的字体能让人联想到机械类、工业用品类的产品，不同的文字在被设置为不同的字体后，由于具有不同笔画外观或整体外形，因此能够传达出不同的理念。

由于每一个设计作品都有相应的主题及特定的浏览人群，因此在作品中设置文字的字体时，也应该慎重考虑。字体选择是否得当，将直接影响到整个作品的视觉效果与主题传达效果。

下面简述中文字体中常见常用的若干种字体特点。

- 隶书：特点是将小篆字形改为方形，笔画改曲为直，结构更趋向简化。横、点、撇、挑、钩等笔画开始出现，后来又增加了具有装饰味的"波势"和"挑脚"，从而形成一种具有特殊风格的字体，其整体效果平整美观、活泼大方、端庄稳健、古朴雅致，是在设计中用于体现古典韵味时最常用的一种字体，其效果如图9-32所示。
- 小篆：秦始皇统一六国后，李斯等人对秦文收集、整理、简化称为小篆。小篆是古文字史上第一次文字简化运动的总结。小篆的特征是字体竖长、笔画粗细一致、行笔圆转、典雅优美。缺点是线条用笔书写起来很不方便，所以在汉代以后就很少使用了，但在书法印章等方面却得到发扬，其效果如图9-33所示。
- 楷书：即楷体书，又称"真书"、"正书"、"正楷"，最初用于书体的名称。楷书在西汉时开始萌芽，东汉末成熟，魏以后兴盛起来，到了唐代进入了鼎盛时期。楷书的特点是字体端正、结构严谨、笔画工整、多用折笔、挺拔秀丽，如图9-34所示。

图9-32 隶书

图9-33 小篆

图9-34 楷书

- 草书：即草体书，包括章草、今草、行草等。章草由隶书演变而来，始创于东汉草，是从楷书演化而成，发展到现在，草书又分小草、大草和狂草等。由于草书字字相连变化多端较难辨认，有的风驰电掣，因此在设计中多将其作为装饰图形来处理。
- 行书：即行体书，是兴于东汉介于草书和楷书之间的一种字体，行书作为一种书体，在风格上灵活自然、气脉相通，在设计中也很常用，如图9-35所示。
- 黑体：是因笔画较粗而得名的，它的特点是横竖笔画精细一致，方头方尾。黑体字在风格上显得庄重有力、朴素大方，多用于标题、标语、路牌等的书写，在许多字库中提供了大黑、粗黑、中黑三种黑体字体，应用了大黑体的文字如图9-36所示。
- 圆体：是近代发展出来的一种印刷字体，由于文字圆头圆尾，笔画转折圆润，因此感觉准圆体较贴近女性特有的气质，同样可以在中圆、准圆、细圆三种圆体变体中选择其中的一种应用在作品中，应用了准圆体的文字效果如图9-37所示。

图9-35　行书

图9-36　大黑体

图9-37　准圆体

除上述字体外，秀英体、琥珀体、综艺体、咪咪体、柏青体、金书体等字体开发商提供的计算机字体（如图9-38所示）也由于各具不同特色，因此能够应用在不同风格的版面中。

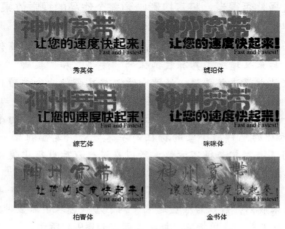

图9-38　其他计算机字体

9.2.3　经验之谈——设计中英文字体的运用

　　与中文字体相比，英文的字体数量多如天上的星星。其中的原因很简单，英文只有26个字母，因此每一款英文字体在制作时间方面与中文字库的制作根本不在一个量级上，一个设计师只要掌握了方法，一天就可以设计出一款新的英文字体，而花一年时间也未必能够完成一个新的中文字体库的创作。

　　安装在所使用的机器上的英文字库的数量是600多种，而中文字体的数量只有36种。

　　与中文字体一样，不同的英文字体也能够展现出或浪漫、或庄重、或规正、或飘逸等不同的气质，因此在选择字体方面同样需要根据作品的气氛而定。

　　图9-39中英文所应用的字体名称为"English111 Vivace"，这种字体能够展示出一种浪漫的气息。图9-40中英文所应用的字体名称为"Times New Roman"，这种字体是最为常用而且也最为规整的一种字体，常用于英文的正文。

图9-41中英文所应用的字体名称为"Impact"，这种字体由于笔画较粗，因此在使用方面有些近似于中文字体中的黑体。

图9-39　English111 Vivace字体效果

图9-40　Times New Roman字体效果

图9-41　Impact字体效果

从上面的实例可以看出，相对中文而言，英文字体的选择性更丰富，这就要求版式设计师不仅要见过丰富的字体类型，更要知道在哪一种情况下，使用哪一种英文字体，以增强版面的表达力。

9.3　格式化段落属性

单击"字符"面板中的"段落"标签，或者执行"窗口"|"段落"命令，在默认情况下显示如图9-42所示的"段落"面板。"段落"面板主要用于为大段文本设置对齐方式和缩进等属性。

其使用方法如下所述。

图9-42　"段落"面板

- "左对齐文本"按钮■：将段落左对齐，但段落右端可能会参差不齐。
- "居中对齐文本"按钮■：将段落水平居中对齐，但段落两端参差不齐。
- "右对齐文本"按钮■：将段落右对齐，但段落左端可能会参差不齐。
- "最后一行左对齐"按钮■：对齐段落中除最后一行外的所有行，最后一行左对齐。
- "最后一行居中对齐"按钮■：对齐段落中除最后一行外的所有行，最后一行居中对齐。
- "最后一行右对齐"按钮■：对齐段落中除最后一行外的所有行，最后一行右对齐。
- "全部对齐"按钮■：强制对齐段落中的所有行。

图9-43所示是分别应用水平居中对齐与左对齐后的效果。

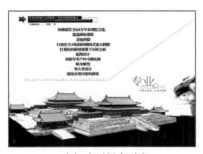
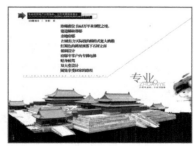

(a)　水平居中对齐　　　　　　　(b)　左对齐

图9-43　对齐效果

- 左缩进⊦⊨：在该数值框中键入数值以设置段落左端的缩进。对于垂直文字，该选项控制从段落顶端的缩进。
- 右缩进⊒⊦：在该数值框中键入数值以设置段落右端的缩进。对于垂直文字，该选项控制从段落底部的缩进。
- 首行缩进⫶⪍：在该数值框中键入数值以设置段落文字首行的缩进。
- 段前/段后添加空格：对于同一图层中的文字段落，可以根据需要设置它们的间距，在这两个文本块中输入数值，即可设置上下段落间的距离。图9-44（a）所示为原文字效果，图9-44（b）所示为设置一定段落间距后得到的效果。

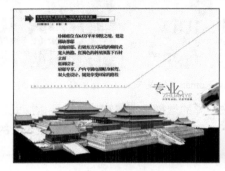 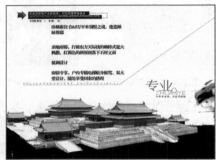

（a）原文字效果　　　　　　　　　　（b）设置段落间距后的效果

图9-44　对比效果

📌 实例：设置广告中文字的段落属性

源 文 件：	源文件\第9章\9.3.psd
视频文件：	视频\9.3.avi

本例将以一个广告为例，介绍输入并设置段落文本的方法。

`01` 打开随书所附光盘中的文件"源文件\第9章\9.3-素材.tif"，如图9-45所示。

`02` 选择"横排文字工具" `T`并按照图9-46所示设置"字符"面板，在广告图像的左侧中间处输入"TOUGH ON GREASE.TOUGH ON GERMS."，按Ctrl+Enter组合键确认文本输入，如图9-47所示，同时得到一个对应的"文字"图层。

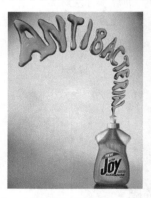  

图9-45　素材图像　　　　图9-46　设置"字符"面板　　　　图9-47　输入文字

`03` 使用"横排文字工具" `T`分别选中文字右侧的单词"ON"并按照图9-48所示的"字符"面板修改其属性，得到如图9-49所示的效果。

图9-48　"字符"面板

图9-49　修改文字格式后的效果

04 选择本节第2步创建的"文字"图层，执行"窗口"|"段落"命令以显示"段落"面板，并在该面板的左上方单击"居中对齐文本"按钮▇，如图9-50所示，得到如图9-51所示的文字效果。

图9-50　选择段落对齐方式

图9-51　对齐后的效果

05 选择"横排文字工具"T并设置适当的字体和字号，在上面设置了段落格式的文字下方输入如图9-52所示的说明文字，按Ctrl+Enter组合键确认文本输入，同时得到一个对应的"文字"图层。

06 选择上一步创建的"文字"图层。显示"段落"面板并设置首行缩进数值为16，如图9-53所示，得到如图9-54所示的效果。

图9-52　输入其他文字

图9-53　设置首行缩进数值

图9-54　设置缩进后的效果

07 在"段落"面板中设置段前间距数值为8，如图9-55所示，得到如图9-56所示的效果。

图9-55　设置段前间距

图9-56　设置间距后的效果

08 最后，选择"横排文字工具" T 并设置适当的字体和字号，在广告底部输入文字"JOY GIVES YOU MORE FOR LESS"，得到如图9-57所示的效果。图9-58所示为本广告的整体效果。

可以尝试修改实例中段落文字的属性为图9-59所示的效果。

图9-57　输入其他文字

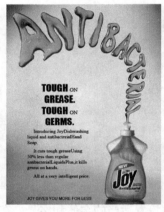

图9-58　整体效果

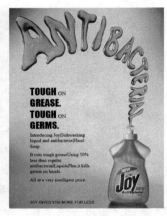

图9-59　最终效果

9.4　定义与应用样式

▶ 9.4.1　字符样式

在Photoshop CS6中，为了满足多元化的排版需求而加入了字符样式功能，它相当于对文字属性设置的一个集合，并能够统一、快速地应用于文本中，且便于进行统一编辑及修改。

要设置和编辑字符样式，首先要执行"窗口"|"字符样式"命令，打开"字符样式"面板，如图9-60所示。

1. 创建字符样式

要创建字符样式，可以在"字符样式"面板中单击"创建新的字符样式"按钮 ，即可按照默认的参数创建一个字符样式，如图9-61所示。

若是在创建字符样式时，刷黑选中了文本内容，则会按照当前文本所设置的格式创建新的字符样式。

图9-60 "字符样式"面板

图9-61 创建字符样式

2. 编辑字符样式

在创建了字符样式后，双击要编辑的字符样式，即可弹出如图9-62所示的对话框。

图9-62 "字符样式选项"对话框

在"字符样式选项"对话框的左侧可以分别选择"基本字符格式"、"高级字符格式"以及"OpenType功能"三个选项，然后在右侧的对话框中，可以设置不同的字符属性。

3. 应用字符样式

当选中一个"文字"图层时，在"字符样式"面板中单击某个字符样式，即可为当前"文字"图层中的所有文本应用字符样式。

若是刷黑选中文本，则字符样式仅应用于选中的文本。

4. 覆盖与重新定义字符样式

在创建字符样式后，若当前选择的文本中含有与当前所选字符样式不同的参数，则该样式上会显示一个"+"，如图9-63所示。

此时，单击"清除覆盖"按钮，则可以将当前字符样式所定义的属性应用于所选的文本中，并清除与字符样式不同的属性；若单击"通过合并覆盖重新定义字符样式"按钮，则可以依据当前所选文本的属性，将其更新至所选中的字符样式中。

5. 复制字符样式

若要创建一个与某字符样式相似的新字符样式，则可以选中该字符样式，然后单击"字符样式"面板上角的面板按钮，在弹出的菜单中执行"复制样式"命令，即可创建一个所选样式的副本，如图9-64所示。

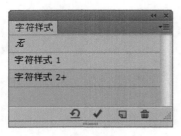

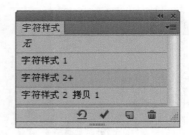

图9-63 覆盖样式   图9-64 复制样式

6. 载入字符样式

若要调用某PSD格式文件中保存的字符样式，则可以单击"字符样式"面板右上角的面板按钮，在弹出的菜单中执行"载入字符样式"命令，在弹出的对话框中选择包含要载入的字符样式的PSD文件即可。

7. 删除字符样式

对于无用的字符样式，可以选中该样式，然后单击"字符样式"面板底部的"删除当前字符样式"按钮，在弹出的对话框中单击"是"按钮即可。

实例：为重要文字增加特殊属性

源 文 件：	源文件\第9章\9.4.1.psd
视频文件：	视频\9.4.1.avi

本例将以一个房地广告为例，介绍字符样式的使用方法。

01 打开随书所附光盘中的文件"源文件\第9章\9.4.1-素材.psd"，如图9-65所示。本例将为左侧文字中的部分重要内容进行特殊属性设计。

02 在"字符样式"面板中单击"创建新的字符样式"按钮，在弹出的对话框中设置参数，如图9-66和图9-67所示。单击"确定"按钮退出对话框。

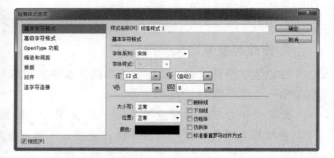

图9-65 素材文件   图9-66 设置参数

03 使用"横排文字工具"选中"遗憾"文本，然后在"字符样式"面板中选中"突出文字"样式，并单击"清除覆盖"按钮，将其应用于选中的文本，得到如图9-68所示的效果。

04 按照上一步的方法，再选中"新家"和"幸福"，并应用"突出文字"样式即可。

可以尝试修改"突出文字"样式中的字符属性，得到类似图9-69所示的效果。

图9-67　设置其中的参数

图9-68　清除覆盖效果

图9-69　突出文字的效果

9.4.2　段落样式

在Photoshop CS6中，为了便于在处理多段文本时控制其属性而新增了段落样式功能，包括对字符及段落属性的设置。

要设置和编辑字符样式，首先要执行"窗口"|"段落样式"命令，以显示"段落样式"面板，如图9-70所示。

创建与编辑段落样式的方法与前面介绍的创建和编辑字符样式的方法基本相同。在编辑段落样式的属性时，将弹出如图9-71所示的对话框，在左侧的列表中选择不同的选项，然后在右侧设置不同的参数即可。图9-72所示设计作品中的文字即为应用"段落样式"面板制作而成。

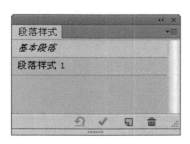

图9-70　"段落样式"面板

图9-71　"段落样式选项"对话框

图9-72　文字效果

9.5 输入路径绕排的文字

使用路径绕排文字，可以将文字输入在路径上，其制作方法很简单，即在绘制好路径后，当光标变化为 形状时单击，然后输入文字即可。

▶ 9.5.1 在路径上移动或翻转文字

可以随意移动或者翻转在路径上排列的文字，其方法如下所述。

01 选择"直接选择工具" 或者"路径选择工具" 。

02 将工具放置在绕排于路径的文字上，直至鼠标指针转换为 形状。

03 拖动文字即可改变文字相对于路径的位置，效果如图9-73所示。

移动后的效果

反向绕排的效果

图9-73　改变路径的位置

9.5.2 更改路径绕排文字的属性

当文字已经被绕排于路径后，仍然可以修改文字的各种属性，包括字号、字体、水平或者垂直排列方式等，其方法如下所述。

01 在工具箱中选择"文字工具"，将沿路径绕排的文字选中。

02 在"字符"面板中修改相应的参数即可，图9-74所示为更改文字属性后的效果。

除此之外，还可以通过修改绕排文字路径的曲率、锚点的位置等来修改路径的形状，从而影响文字的绕排效果，如图9-75所示。

图9-74 更改后的效果   图9-75 绕排效果

➡ 实例：制作沿路径绕排的文字

源 文 件：	源文件\第9章\9.5.psd
视频文件：	视频\9.5.avi

01 打开随书所附光盘中的文件"源文件\第9章\9.5-素材.tif"，如图9-76所示。选择"钢笔工具"，激活工具选项栏上的"路径"按钮，在喇叭口外的地方绘制一条如图9-77所示的路径。

图9-76 素材状态   图9-77 绘制的路径状态

02 选择"横排文字工具"，设置适当的字体、字号及颜色，然后将光标移动到路径的最上端，当鼠标变为 时单击插入光标，然后输入文字，得到如图9-78所示的效果，及对应的"文字"图层。

03 再使用"钢笔工具"，绘制一条路径，状态如图9-79所示。使用"横排文字工具"输入文字状态，如图9-80所示，得到对应的"文字"图层。为方便管理图层，暂将图层分别重命

令为"文字1"、"文字2"和"文字3"。

图9-78 输入文字的状态

图9-79 绘制路径的状态

图9-80 输入文字的状态

04 利用上述的方法再绘制如图9-81所示的路径,输入文字得到的效果如图9-82所示,并得到对应的"文字"图层。

05 选择所有的"文字"图层并按Ctrl+G组合键创建组得到"组1",将其放在一个组内。

06 选择"组 1"将其拖到"创建新图层"命令按钮上,复制组得到"组1 副本",执行"编辑"|"变换"|"垂直变换"命令,得到的效果如图9-83所示。

图9-81 绘制路径的状态

图9-82 输入文字的状态

图9-83 变换后的状态

07 选择"移动工具"，将"组 1 副本"向上拖动直到得到如图9-84所示的状态。

> **提 示**
>
> 在文字全部显示的状态下,使用"文字工具"在插入光标时,有可能激活的不是需要激活的"文字"图层,这因为文字有互相重叠的部分,为了方便操作暂将不编辑的"文字"图层隐藏。

08 隐藏"组1"及"组 1 副本"上面的两个"文字"图层,选择显示的"文字"图层,状态如图9-85所示,选择"直接选择工具"，选择并编辑路径节点,直到得到如图9-86所示的状态。

09 隐藏当前的"文字"图层,显示"文字"图层"文字3 副本",双击图层样式缩览图激活并选择文字,按Ctrl+C组合键复制,然后按Ctrl+V组合键两次得到如图9-87所示的效果。将文字延伸到画面外部,选择"直接选择工具"，选择并编辑路径节点,直到如图9-88所示的状态,然后显示所有的"文字"图层,效果如图9-89所示。

图9-84　调整位置的状态

图9-85　选择"文字"图层的状态

图9-86　编辑路径的状态

图9-87　粘贴的状态

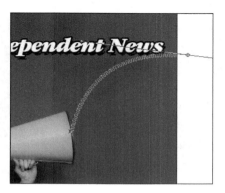

图9-88　调整路径的状态

图9-89　显示所有图层的状态

10 选择"横排文字工具" T ，设置适当的字体、字号及颜色。在喇叭口处输入多组文字，得到的效果如图9-90所示。为方便管理选择本步输入的所有"文字"图层并按Ctrl+G组合键创建组将其放在一个组内，得到"组 2"完成作品，图9-91为"图层"面板的状态。

可以尝试将上面的实例结果修改为图9-92所示的效果。

图9-90　最终效果

图9-91　"图层"面板

图9-92　最终效果

9.6 制作异形文本块

通过在一条环绕一定形状的路径中键入文字，可以制作异形文本块。其本身涉及的技术并不复杂，但通过适当的设置，可以得到非常丰富的版面效果。

➡️ **实例：为房地产广告设计异形版面**

源 文 件：	源文件\第9章\9.6.psd
视频文件：	视频\9.6.avi

通过在路径中键入文字以制作异形文本块的具体步骤如下所述。

01 打开随书所附光盘中的文件"源文件\第9章\9.6-素材.tif"，在工具箱中选择"钢笔工具" ✐ ，在其工具选项栏中选择"路径"选项，在画布中绘制一条如图9-93所示的路径。

02 在工具箱中选择"横排文字工具" T ，在工具选项栏中设置适当的字体和字号，将鼠标指针放置在Step01所绘制的路径中间，直至鼠标指针转换为 ⓣ 形状。

图9-93　绘制路径

03 在 ⓣ 状态下，用鼠标指针在路径中单击（不要单击路径本身），从而插入文字光标，此时路径被虚线框包围，效果如图9-94所示。

04 在文字光标后键入所需要的文字，效果如图9-95所示。

图9-94　插入文字光标

图9-95　键入文字

在制作图文绕排效果时，路径的形状起到了关键性的作用，因此要得到不同形状的绕排效果，只需要绘制不同形状的路径即可。

9.7 转换文本

▶ 9.7.1　将文本转换为路径

执行"文字"|"创建工作路径"命令，可以由"文字"图层得到与其文字外形相同的工作路径，如图9-96所示。

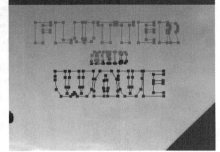

(a) 文字效果　　　　　　　　(b) 从"文字"图层生成的路径

图9-96　生成路径的效果

从"文字"图层生成路径的优点在于能够通过对路径进行描边、编辑等操作，得到具有特殊效果的文字。

9.7.2　将文本转换为形状

执行"文字"|"转换为形状"命令，可以将文字转换为与其轮廓相同的形状。图9-97所示为转换为形状前后的"图层"面板。

(a) 执行"转换为形状"命令前　　(b) 执行"转换为形状"命令后

图9-97　对比效果

实例：文字"情迷东方"形态变化艺术设计

源 文 件：	源文件\第9章\9.7.2.psd
视频文件：	视频\9.7.2.avi

利用上面介绍的将文字转换为形状的功能，可以在文字的基础上对其轮廓进行深入处理，从而得到更为精美的特殊文字效果。下面通过示例来介绍其操作方法。

[01] 打开随书所附光盘中的文件"源文件\第9章\9.7.2-素材.psd"，如图9-98所示。

[02] 选择文字形状图层，用"直接选择工具"框选"情"字的两个锚点，如图9-99所示。按住Shift键水平拖动锚点至与"迷"字走之旁重合处，得到如图9-100所示的状态。

图9-98　素材文字

图9-99　框选锚点　　　　　　　　　　　　　　　　　　图9-100　拖动效果

03 使用"直接选择工具"将"方"字选中，将其移动至横笔画形状与"迷"字的横笔画形状的同一水平位置，按照第二步的方法移动"方"字的锚点，得到如图9-101所示的效果。用同样的方法移动并处理"东"字，得到如图9-102所示的效果。

图9-101　移动文字　　　　　　　　　　　　　　图9-102　移动处理文字

04 选择"横排文字工具"，在图中输入如图9-103所示的英文字母，用其做本例的变形文字笔画，在"文字"图层上单击鼠标右键，从弹出的快捷菜单中执行"转换为形状"命令。再利用"直接选择工具"将其余的部分删除，只剩如图9-104所示的笔画。

图9-103　输入字母　　　　　　　　　　　　　图9-104　删除多余部分

05 使用"路径选择工具"将其移至"迷"字的左下方，如图9-105所示。选择"直接选择工具"，拖动其路径上方未闭合的节点，使其和"迷"字的走之旁连接，如图9-106所示。

06 继续使用"直接选择工具"，拖动连接到"迷"字笔画下的控制句柄，直至得到如图9-107所示的状态。

图9-105　移动文字

图9-106　连接文字

图9-107　连接效果

07 选择形状图层"情迷东方"，使其为当前操作状态，使用"直接选择工具" ![icon] 将"迷"字的走之旁左下方多出来的笔画删除，如图9-108所示。

08 选择"钢笔工具" ![icon] 绘制如图9-109所示的形状，"图层"面板的状态如图9-110所示。

图9-108　删除多余笔画

图9-109　绘制形状

图9-110　"图层"面板

▶ 9.7.3　将文本转换为图像

　　"文字"图层具有不可编辑的特性，因此如果希望在"文字"图层中进行绘图或者执行图像调整命令、滤镜命令等编辑，可以执行"文字"|"栅格化'文字'图层"命令，将"文字"图层转换为普通图层。

➡ 实例：利用栅格化文字制作文字倒影

源　文　件：	源文件\第9章\9.7.3.psd
视频文件：	视频\9.7.3.avi

01 打开随书所附光盘中的文件"源文件\第9章\9.7.3-素材.tif"，如图9-111所示。

02 设置前景色的颜色值为c33835，选择"横排文字工具" ![icon] 并设置其"字符"面板如图9-112所示。在图像中输入"The Jack Bull"，按Ctrl+Enter组合键确认文本输入，得到如图9-113所示的效果。同时得到一个对应的"文字"图层。

03 执行"窗口"|"图层"命令以显示"图层"面板，将上一步创建的"文字"图层拖至"图层"面板底部的"创建新图层"按钮 ![icon] 上，从而得到其副本图层。

| 图9-111 素材图像 | 图9-112 "字符"面板 | 图9-113 输入文字 |

04 执行"编辑"|"变换"|"垂直翻转"命令，并使用"移动工具"按住Shift键向下移动文字至如图9-114所示的位置。

05 执行"编辑"|"自由变换"命令或按Ctrl+T组合键调出自由变换定界框，如图9-115所示。

| 图9-114 移动文字位置 | 图9-115 变换定界框 |

06 按住Ctrl键向左上方拖动定界框底部中间的控制手柄，如图9-116所示，按Enter键确认变换操作。设置前景色为黑色，按Alt+Delete组合键填充当前"文字"图层，以改变文字的颜色，如图9-117所示。

| 图9-116 变换图像 | 图9-117 填充颜色 |

07 执行"图层"|"栅格化"|"文字"命令，从而将当前"文字"图层转换为普通图层，此时的"图层"面板如图9-118所示。

08 选择 "模糊工具" ⬤ 并设置其工具选项栏如 ◇ ▾ ▢ ▾ 模式 正常 强度 100% ▾ □对所有图层取样 所示，使用
该工具在倒影文字上进行涂抹，直至得到如图9-119所示倒影的近实远虚效果。

09 在 "图层" 面板的右上方设置当前图层的不透明度为40%，得到如图9-120所示的效果。

图9-118 "图层" 面板

图9-119 模糊图像

图9-120 设置图层不透明度

9.8 拓展练习——"律法" 主题的海报设计

源 文 件：	源文件\第9章\9.8.psd
视频文件：	视频\9.8.avi

本例是以 "律法" 为主题的海报设计作品。在制作过程中，主要通过文字、领带以及领带上的滴血，非常形象地体现出律法的严肃性。

01 打开随书所附光盘中的文件 "源文件\第9章\9.8-素材.psd"，如图9-121所示，此时的 "图层"
面板如图9-122所示。

图9-121 素材图像

图9-122 "图层" 面板

🔍 提 示

　　本步中的素材是以组的形式给出的，由于其操作技术并非本章的重点，故在此没有逐一介绍操作过程。

02 隐藏组"领带及说明文字",选择组"背景",选择"横排文字工具" T ,设置前景色为黑色,在其工具选项栏上设置适当的字体和字号,在当前画布中输入"Lawyers",由于要对文字进行编辑,故将字母"L"删掉,如图9-123所示。

03 按Ctrl+J组合键复制"Lawyers"得到其副本,隐藏"Lawyers"。下面在"副本文字"图层名称上单击鼠标右键,在弹出的快捷菜单中执行"转换为形状"命令,从而将其转换成形状图层。

04 选中文字副本的图层缩览图,利用"直接选择工具" ,在"w"上方的节点处单击,使其变为实心节点(标示红色圆圈内),如图9-124所示,按Delete键删除此节点,如图9-125所示。按照同样的方法编辑其他节点,直至调整得到如图9-126所示的效果。

图9-123 输入文字

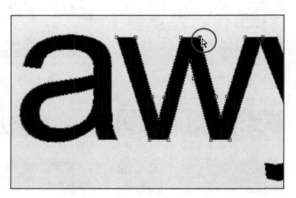

图9-124 选中节点

图9-125 删除选中的节点后的效果

图9-126 编辑其他的节点

提 示

在删除节点时,要先使用"直接选择工具" 选中一个节点,然后直接将其删除,不能选中一个节点连续删除,否则将会把整个路径删掉。

05 按照前面的方法,输入文字将其转换为形状,对节点进行编辑,绘制路径进行颜色填充,制作其他文字,直至调整得到如图9-127所示的效果。此时的"图层"面板状态如图9-128所示。

图9-127　制作其他的文字

图9-128　"图层"面板

06 下面接着输入文字并绘制形状，来制作连体文字及说明文字，注意图层的顺序，直至得到如图9-129所示的效果。此时的"图层"面板状态如图9-130所示。

图9-129　制作连体文字及说明文字

图9-130　"图层"面板

07 选中图层"ynch"，按Shift键选择图层"Lawyers 副本"，以选中它们及它们之间相连的图层，按Ctrl+G组合键执行"图层编组"命令，得到"组1"，并将其重命名为"文字"。

08 显示组"领带及说明文字"，得到本例的最终效果，如图9-131所示，"图层"面板如图9-132所示。

图9-131　最终整体效果

图9-132　"图层"面板

9.9 本章小结

本章主要介绍了在Photoshop中创建与编辑文字的操作方法。通过本章的学习，读者应能够熟练掌握在Photoshop中以多种方式获取文本、格式化对象的字符与段落属性、制作异形文本效果、路径绕排效果以及编辑文字形态等操作。尤其在处理较多的文本时，应能够熟练使用Photoshop CS6中新增的字符样式与段落样式功能，实现快速、便捷的格式化处理操作。

9.10 课后习题

1. 单选题

(1) 改变文本图层颜色的方法，错误的是（　　　）。

  A．选中文本直接修改属性栏中的颜色

  B．对当前文本图层执行"色相/饱和度"命令

  C．使用调整图层

  D．使用"颜色叠加"图层样式

(2) 要为文本应用段落、字符属性，可以使用（　　　）。

  A．字符样式   B．段落样式

  C．对象样式   D．文字样式

2. 多选题

(1) "文字"图层中的文字信息（　　　）可以进行修改和编辑。

  A．文字颜色   B．文字内容，如加字或减字

  C．文字大小   D．将"文字"图层转换为"像素"图层后可以改变文字的排列方式

(2) Photoshop CS6中文字的属性可以分为（　　　）两部分。

  A．字符   B．段落

  C．区域   D．路径

(3) 要将文字图层栅格化，可以（　　　）。

  A．在"文字"图层上单击鼠标右键，在弹出的快捷菜单中执行"栅格化文字"命令

  B．执行"图层"｜"栅格化文字图层"命令

  C．按住Alt键双击"文字"图层的名称

  D．按住Alt键双击"文字"图层的缩览图

3. 填空题

(1) 在文本输入状态下，按＿＿＿＿＿＿键可以显示"字符"面板；按＿＿＿＿＿＿键可以显示"段落"面板。

(2) 通过创建＿＿＿＿＿＿使用户可以在开放或闭合的路径上输入文字。

4. 判断题

(1) 对文字执行"加粗"命令后仍能对"文字"图层应用图层样式。（　　　）

(2) 将文字转换为路径后，仍然会保留"文字"图层，并可以为其设置字符、段落属性。（　　　）

（3）使用字符样式可以定义少量的段落属性，但比段落样式要少得多。（　　　）

5. 上机操作题

（1）打开随书所附光盘中的文件"源文件\第9章\9.10上机操作题01-素材.jpg"，如图9-133所示，在其中输入文字"红楼梦"，并设置适当的文字属性，得到如图9-134所示的效果。

图9-133　输入文字

图9-134　文字效果

（2）打开随书所附光盘中的文件"源文件\第9章\9.10上机操作题02-素材.jpg"，如图9-135所示，在其中输入文字并为部分文字进行特殊属性，直至得到如图9-136所示的效果。

图9-135　素材文件

图9-136　特殊属性效果

第10章
滤镜与智能滤镜

滤镜是Photoshop提供的一个最大的特效库，其中每个滤镜都可以制作出特殊的效果，而且都非常简单，使用起来很方便。另外，还有一些较为复杂的滤镜，可以实现更高级的处理效果。本章主要针对这些高级滤镜功能进行介绍。

学习要点

- 了解滤镜的分类
- 了解滤镜库功能
- 了解"油画"滤镜的用法
- 熟悉"自适应广角"滤镜的用法
- 了解场景模糊的用法

- 了解光圈模糊的用法
- 了解倾斜模糊的用法
- 熟悉"液化"滤镜的用法
- 熟悉"镜头校正"滤镜的用法
- 掌握智能滤镜的用法

10.1 滤镜库

执行"滤镜"|"滤镜库"命令,弹出如图10-1所示的对话框。由图中的"滤镜库"对话框及对话框标注可以看出,"滤镜库"命令只是将众多的(并不是所有的)滤镜集合至该对话框中,通过打开某一个滤镜并执行相应命令的缩略图即可对当前图像应用该滤镜,应用滤镜后的效果显示在左侧的"预览区"中。

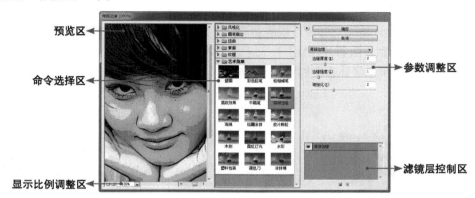

图10-1 "滤镜库"对话框

下面介绍"滤镜库"对话框中各个区域的作用。

1. 预览区

该区域中显示了由当前滤镜命令处理后的效果。

- 在该区域中,光标会自动变为"抓手工具" ,拖动可以查看图像其他部分执行"滤镜"命令后的效果。
- 按住Ctrl键则"抓手工具" 切换为"放大缩放工具" ,在"预览区"中单击可以放大当前效果的显示比例。
- 按住Alt键则"抓手工具" 切换为"缩小缩放工具" ,在"预览区"中单击可以缩小当前效果的显示比例。
- 按住Ctrl键的同时,"取消"按钮会变为"默认值"按钮;按住Alt键的同时,"取消"按钮会变为"复位"按钮。无论单击"默认值"或"复位"按钮,"滤镜库"对话框都会切换至本次打开该对话框时的状态。

2. 显示比例调整区

在该区域可以调整预览区中图像的显示比例。

3. 命令选择区

在该区域中,显示的是已经被集成的滤镜,单击各滤镜序列的名称即可将其展开,并显示出该序列中包含的命令,单击相应命令的缩略图即可执行该命令。

单击命令选择区右上角处的 按钮可以隐藏该区域,以扩大预览区,从而更方便地观看应用滤镜后的效果,再次单击该按钮则可重新显示命令选择区。

4. 参数调整区

在该区域中,可以设置当前已选命令的参数。

5. 滤镜层控制区

这是"滤镜库"命令中的一大亮点，正是由于有了此区域所支持的功能，才使用户可以在该对话框中对图像同时应用多个滤镜命令，并将所添加的命令效果叠加起来，而且还可以像在"图层"面板中修改图层的顺序那样调整各个滤镜层的顺序。

10.2 "油画"滤镜

"油画"滤镜是Photoshop CS6中新增的功能，使用它可以快速、逼真地处理出油画的效果。以图10-2所示的图像为例，执行"滤镜"|"油画"命令在弹出的对话框的右侧可以设置其参数，如图10-3所示。图10-4所示是处理得到的油画效果。

图10-2 素材图像 　　　　　 图10-3 "画笔"面板 　　　　　 图10-4 油画效果

- 样式化：此参数用于控制油画纹理的圆滑程度。数值越大，则油画的纹理显得越平滑。
- 清洁度：此参数用于控制油画效果表面的干净程序，数值越大，则画面越显干净；反之，则画面中的黑色会变得越浓，整体显得笔触较重。
- 缩放：此参数用于控制油画纹理的缩放比例。
- 硬毛刷细节：此参数用于控制笔触的轻重。数值越小，则纹理的立体感就越小。
- 角方向：此参数用于控制光照的方向，从而使画面呈现出光线从不同方向进行照射时产生的不同立体感。
- 闪亮：此参数用于控制光照的强度。此数值越大，则光照的效果越强，得到的立体感效果也越强。

可以尝试通过调整"油画"对话框中的参数，得到图10-5所示的效果。

图10-5 调整效果

10.3 "自适应广角"滤镜

在Photoshop CS6中，新增了专用于校正广角透视及变形问题的功能，即"自适应广角"命令，使用它可以自动读取照片的EXIF数据，并进行校正，也可以根据使用的镜头类型（如广角、鱼眼等）来选择不同的校正选项，配合"约束工具" ⬉ 和"多边形约束工具" ◇ 的使用，可达到校正透视变形问题的目的。

执行"滤镜"|"自适应广角"命令，将弹出如图10-6所示的对话框。

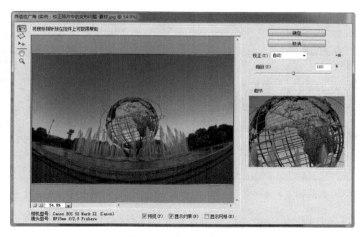

图10-6　弹出的对话框

- "对话框"按钮 ▼≡：单击此按钮，在弹出的菜单中可以设置"自适应广角"命令的"首选项"，也可以"载入约束"或"存储约束"。
- 校正：在此下拉列表中，可以选择不同的校正选项，其中包括"鱼眼"、"透视"、"自动"以及"完整球面"4个选项，选择不同的选项时，下面的可调整参数也各不同。
- 缩放：此参数用于控制当前图像的大小。当校正透视后，会在图像周围形成不同大小范围的透视区域，此时就可以通过调整"缩放"参数，来裁剪掉透视区域。
- 焦距：在此可以设置当前照片在拍摄时所使用的镜头焦距。
- 裁剪因子：此处可以调整照片裁剪的范围。
- 细节：在此区域中，将放大显示当前光标所在的位置，以便于进行精细调整。

除了右侧基本的参数设置外，还可以使用"约束工具" 和"多边形约束工具" 针对画面的变形区域进行精细调整，前者可绘制曲线约束线条进行校正，适用于校正水平或垂直线条的变形，后者可以绘制多边形约束线条进行校正，适用于具有规则形态的对象。

➡ 实例：校正照片中的变形问题

源 文 件：	源文件\第10章\10.3.psd
视频文件：	视频\10.3.avi

下面以"约束工具" 为例，介绍执行"自适应广角"命令校正照片变形的方法。

01 打开随书所附光盘中的文件"源文件\第10章\10.3-素材.jpg"，如图10-7所示。本例将执行"自适应广角"命令校正由鱼眼镜头产生的畸变。

02 执行"滤镜"|"自适应广角"命令，在弹出的对话框中的"校正"选项中选择"自动"，此时Photoshop会自动读取当前照片变形程度及焦距参数（此照片为15mm焦距）。

03 在对话框左侧选择"约束工具" ，在地平面的左侧单击以添加一个锚点，如图10-8所示。

04 将光标移至地平面的右侧位置，再次单击，此时Photoshop会自动生成一个用于校正的弯曲线条，如图10-9所示。

图10-7　素材文件

图10-8　添加锚点

图10-9　生成校正线条

05 单击添加第2个点后，Photoshop会自动对图像的变形进行校正，并出现一个变形控制圆，如图10-10所示。

06 调整"缩放"数值，以裁剪掉画面边缘的透明区域，并使用"移动工具" 调整图像的位置，直至得到类似图10-11所示的效果。

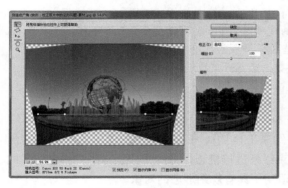
图10-10　校正变形

图10-11　移动效果

07 设置完毕后，单击"确定"按钮即可。

10.4 场景模糊

在Photoshop CS6中新增的"滤镜"|"模糊"|"场景模糊"滤镜中，可以通过编辑模糊图钉，为画面增加模糊效果，通过适当的设置，还可以获得漂亮的光斑效果。

选择"场景模糊"滤镜后，工作界面会发生很大的变化，其中，工具选项栏将变为如图10-12所示的状态，并在右侧弹出"模糊工具"和"模糊效果"面板，如图10-13所示。

图10-12　工具选项栏

模糊工具选项栏中参数的解释如下。

- 选区出血：应用"场景模糊"滤镜前绘制了选区，则可以在此设置选区周围模糊效果的过渡。
- 聚焦：此参数可控制选区内图像的模糊量。
- 将蒙版存储到通道：选中此复选框，将在应用"场景模糊"滤镜后，根据当前的模糊范围，创建一个相应的通道。

- 高品质：选中此复选框时，将生成更高品质、更逼真的散景效果。
- 移去所有图钉按钮：单击此按钮，可清除当前图像中所有的模糊图钉。

"模糊效果"面板中的参数解释如下。

- 光源散景：调整此数值，可以调整模糊范围中，圆形光斑形成的强度。
- 散景颜色：调整此数值，可以改变圆形光斑的色彩。
- 光照范围：调整此参数下的黑、白滑块，或在底部输入数值，可以控制生成圆形光斑的亮度范围。

将光标置于模糊图钉的半透明白条位置，此时光标变为█状态，按住鼠标左键拖动该半透明白条，即可调整"场景模糊"滤镜的模糊数值，如图10-14所示。当光标状态为✦时，单击即可添加新的图钉。

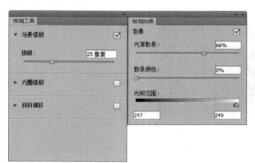

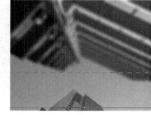

图10-13　工具面板

摆放光标的位置　　　　拖动调整模糊强度

图10-14　调整数值

下面将通过一个实例来介绍此滤镜的使用方法。

实例：模拟大光圈下拍摄的漂亮光斑效果

源　文　件：	源文件\第10章\10.4.psd
视频文件：	视频\10.4.avi

下面将利用"场景模糊"滤镜来制作逼真的光斑效果。

01 打开随书所附光盘中的文件"源文件\第10章\10.4-素材.jpg"，如图10-15所示。

02 执行"滤镜"|"模糊"|"场景模糊"命令，然后在工具选项栏上选中"高品质"复选框。

03 分别在"模糊工具"和"模糊效果"面板中设置参数，如图10-16所示。

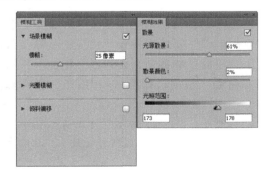

图10-15　素材文件

图10-16　设置参数

04 单击工具选项栏上的"确定"按钮退出模糊编辑状态，得到如图10-17所示的效果。

图10-18所示是调整照片亮度及对比度属性后的效果。

图10-17 模糊效果   图10-18 调整效果

可以尝试通过设置模糊参数，得到如图10-19所示的光斑效果。

图10-19 光斑效果

10.5 倾斜模糊

在Photoshop CS6中新增的"滤镜"|"模糊"|"偏移模糊"滤镜中，可以通过编辑模糊图钉，为画面增加偏移的模糊效果。这一点非常像单反相机中使用移轴镜头来改变画面景深的功能。

选择"偏移模糊"滤镜后，界面也会显示相应的工具选项栏，"模糊工具"面板中会选中"倾斜偏移"复选框并显示相应的参数，其中除了"模糊"参数外，还包括"扭曲度"和"对称扭曲"选项，如图10-20所示，其解释如下。

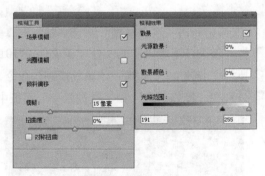

图10-20 设置参数

- 扭曲度：在此设置参数，可以调整模糊的区域以顺时针或逆时针方向进行一定的旋转模糊。
- 对称扭曲：选中此选项并设置了"扭曲度"参数时，可以使模糊图钉上下区域的扭曲以对称的形式出现。

当光标状态为 ✦ 时，单击即可添加新的图钉。若要删除图钉，则可以单击图钉以将其选中，然后按Delete键将其删除。将光标置于实线的圆点 ○ 图标上时，可以旋转当前的偏移位置。单击图钉即可将其选中，如图10-21所示。

未选中的图钉 ← | → 选中的图钉

图10-21　选中图钉

实例：使用"倾斜偏移"滤镜改变画面景深效果

源 文 件：	源文件\第10章\10.5.psd
视频文件：	视频\10.5.avi

　　本例将以制作模型效果一个为例，介绍"倾斜偏移"命令的使用方法。

01 打开随书所附光盘中的文件"源文件\第10章\10.5-素材.jpg"，如图10-22所示。

02 执行"滤镜"｜"模糊"｜"倾斜偏移"命令，将在图像上显示如图10-23所示的模糊控制线，并显示"模糊效果"和"模糊工具"面板。

03 拖动中间的模糊图钉，可以改变模糊的位置，如图10-24所示。

图10-22　素材文件

图10-23　模糊控制线

图10-24　改变位置

04 拖动上下的实线型模糊控制线，可以改变模糊的范围，如图10-25所示。

05 拖动上下的虚线型模糊控制线，可以改变模糊的渐隐强度，如图10-26所示。

06 在"模糊效果"和"模糊工具"面板中，可以调整更多的模糊属性。设置完成后，单击工具选项栏上的"确定"按钮即可，如图10-27所示。

　　可以尝试通过添加垂直方向的倾斜模糊，处理得到如图10-28所示的效果。

图10-25　改变模糊范围

图10-26 改变渐隐强度

图10-27 改变模糊属性

图10-28 倾斜模糊效果

10.6 "液化"滤镜

利用"液化"命令,可以通过交互方式推、拉、旋转、反射、折叠和膨胀图像的任意区域,使图像变换成所需要的艺术效果。

执行"滤镜"|"液化"命令,弹出如图10-29所示的对话框。

图10-29 弹出的对话框

🔍 提 示

在Photoshop CS6中,"液化"对话框提供了简单模式,其方法只需要取消对高级模式的选择即可。

下面将按照上图所示的标示,详细介绍各区域中的参数含义。

对话框中各工具的功能说明如下。

- 向前变形工具✍:使用此工具在图像上拖动,可以使图像的像素随着涂抹产生变形效果。
- 重建工具✍:使用此工具在图像上拖动,可将操作区域恢复原状。
- 顺时针旋转扭曲工具◙:使用此工具在图像上拖动,可使图像产生顺时针旋转效果。
- 褶皱工具▩:使用此工具在图像上拖动,可以使图像产生挤压效果,即图像向操作中心点处收缩从而产生挤压效果。

- 膨胀工具 ![]: 使用此工具在图像上拖动，可以使图像产生膨胀效果，即图像背离操作中心点从而产生膨胀效果。
- 左推工具 ![]: 使用此工具在图像上拖动，可以移动图像。
- 冻结蒙版工具 ![]: 使用此工具可以冻结图像，被此工具涂抹过的图像区域无法进行编辑操作。
- 解冻蒙版工具 ![]: 使用此工具可以解除使用冻结工具所冻结的区域，使其还原为可编辑状态。
- 抓手工具 ![]: 使用此工具可以显示出未在预览窗口中显示出来的图像。
- 缩放工具 ![]: 使用此工具单击一次，图像就会放大到下一个预定的百分比。
- "画笔大小"三角滑块: 拖动后可以设置使用上述各工具操作时，图像受影响区域的大小，数值越大则一次操作影响的图像区域也越大；反之，则越小。
- "画笔压力"三角滑块: 拖动后可以设置使用上述各工具操作时，一次操作影响图像的程度大小，数值越大则图像受画笔操作影响的程度也越大；反之，则越小。
- "重建"按钮: 在"重建选项"区域中单击后可使图像以该模式动态向原图像效果恢复。在动态恢复过程中，按空格键可以终止恢复进程，从而中断进程并截获恢复过程的某个图像状态。
- "显示图像"复选框: 选中后在对话框的预览窗口中显示当前操作的图像。
- "显示网格"复选框: 选中后在对话框的预览窗口中显示辅助操作的网格。
- "网格大小"下拉列表: 从中选择相应的选项，可以定义网格的大小。
- "网格颜色"下拉列表: 从中选择相应的颜色选项，可以定义网格的颜色。

▶ 实例：使用"液化"滤镜修饰女性身形

源 文 件：	源文件\第10章\10.6.psd
视频文件：	视频\10.6.avi

本例主要介绍对女性身材的修饰技法。在制作的过程中，主要运用了滤镜功能中的"液化"命令。

01 打开随书所附光盘中的文件"源文件\第10章\10.6-素材.tif"，如图10-30所示，可以看出素材中的女性显得有些胖，下面将通过滤镜"液化"来进行调整。

02 为了在操作后有个效果比较，将"背景"图层复制一份得到"背景 副本"图层，执行"滤镜"|"液化"命令，弹出如图10-31所示的对话框。

图10-30　素材图像

图10-31　"液化"对话框

> **提示**
>
> 在"液化"操作过程中因为"向前变形工具"有可能会影响到不需要修改的位置，所以下面先将在操作中会影响到不需要变形的位置进行锁定。
>
> 在变形操作中人物胸部与下巴较近会影响到变形，腹部变形时会影响到手，腰部变形时会影响到手臂。

03 选择"冻结蒙版工具"，在人物的下巴处涂抹，然后再在手及手臂上涂抹直到得到如图10-32所示的状态。

> **提示**
>
> 上步操作将不需要变形的地方锁定，下面将进行调整。首先对腹部进行变形，在这里先选择哪个部位没有特定，只是从最明显的地方开始。

04 选择"向前变形工具"，在"液化"对话框右上角"工具选项"中设置画笔密度为"50"、画笔压力为"100%"，调整适当的大小，然后在人物的小肚处由外向内拖动，状态如图10-33中的箭头所示，直到得到如图10-34所示的效果。

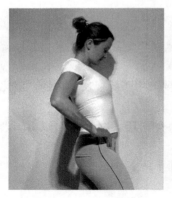  

图10-32　锁定蒙版的状态　　　图10-33　调整方法及状态　　　图10-34　调整后的状态

05 下面将对人物的腹部进行调整。选择"向前变形工具"，设置与上一步相同，参考图10-35中箭头所示的状态进行拖动，将腹部向内调整直到得到图10-36所示的状态。

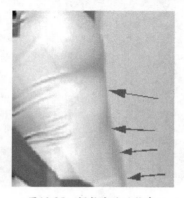 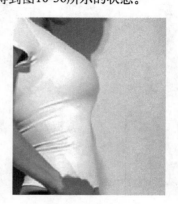

图10-35　调整方法及状态　　　　　　　图10-36　调整后的状态

06 下面将对人物的胸部进行调整。选择"向前变形工具" ，设置与上一步相同，参考图10-37中箭头所示的状态进行拖动，将胸部向内调整直到得到图10-38所示的状态。

图10-37　调整方法及状态　　　　　　　　图10-38　调整后的状态

07 下面将对人物的腿部进行调整。选择"向前变形工具" ，设置与上一步相同，参考图10-39中箭头所示的状态进行拖动，将腿部向内调整直到得到图10-40所示的状态。

08 下面将对人物的腰部进行调整。选择"向前变形工具" ，设置与上一步相同，参考图10-41中箭头所示的状态进行拖动，将腰部向内调整直到得到图10-42所示的状态。

09 下面将对人物的裤子的裤线进行调整。选择"向前变形工具" ，设置与上一步相同，参考图10-43中箭头所示的状态进行拖动，将裤子的裤线向内调整直到得到图10-44所示的状态。

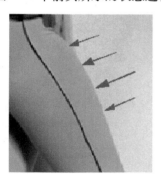  

图10-39　调整方法及状态　　　图10-40　调整后的状态　　　图10-41　调整方法及状态

 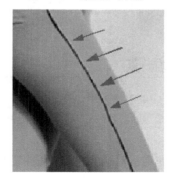 

图10-42　调整后的状态　　　图10-43　调整方法及状态　　　图10-44　调整后的状态

10 下面将对人物右腿后面的肌肉进行调整。选择"向前变形工具" ，设置同上一步相同，参考图10-45中箭头所示的状态进行拖动，将右腿后面的肌肉向内调整直到得到图10-46所示的状态。

11 下面将对人物左腿后面的肌肉进行调整。选择"向前变形工具" ，设置同上一步相同，

参考图10-47中箭头所示的状态进行拖动，将左腿后面的肌肉向内调整直到得到图10-48所示的状态。设置完后单击"确定"按钮，退出对话框完成调整，图10-49为调整后的整体效果，图10-50为调整前的状态。

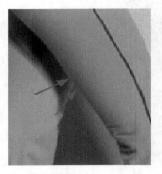
图10-45　调整方法及状态

图10-46　调整后的状态

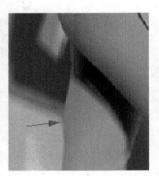
图10-47　调整方法及状态

图10-48　调整后的状态

图10-49　调整后的状态

图10-50　调整前的状态

10.7　智能滤镜

使用智能滤镜除了能够直接对智能对象应用滤镜效果外，还可以对所添加的滤镜进行反复修改。下面介绍智能滤镜的使用方法。

▶ 10.7.1　添加智能滤镜

要添加智能滤镜，可以按照下面的方法操作。

01 选择要应用智能滤镜的智能对象图层，在"滤镜"菜单中执行要应用的滤镜命令并设置适当的对话框参数。

02 设置完毕后，单击"确定"按钮退出对话框，生成一个对应的智能滤镜图层。

03 如果要继续添加多个智能滤镜，可以重复步骤1和步骤2的操作，直至得到满意的效果。

> 🔍 提　示
>
> 如果选择的是没有参数的滤镜（如"查找边缘"、"云彩"等），则直接对智能对象图层中的图像进行处理并创建对应的智能滤镜图层。

图10-51所示为原图像及对应的"图层"面板。图10-52所示为在"滤镜库"对话框中选择了"绘图笔"滤镜并调整适当参数后的效果，此时在原智能对象图层的下方多了一个智能滤镜图层。

图10-51　原图像及面板　　　　　　　　　图10-52　调整后的图像及面板

从中可以看出，智能滤镜图层主要是由智能蒙版以及智能滤镜列表构成的。其中，智能蒙版主要用于隐藏智能滤镜对图像的处理效果，而智能滤镜列表则显示了当前智能滤镜图层中所应用的滤镜名称。

▶ 10.7.2　编辑智能蒙版

智能蒙版的使用方法和效果与普通蒙版的十分相似，可以用来隐藏滤镜处理图像后的图像效果，同样是使用黑色来隐藏图像，使用白色来显示图像，而灰色则产生一定的透明效果。

编辑智能蒙版同样需要先选择要编辑的智能蒙版，然后用"画笔工具" 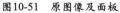、"渐变工具" 等工具（根据需要设置适当的颜色以及画笔的大小和不透明度等）在蒙版上进行涂抹。

图10-53所示为在智能蒙版中制作黑白渐变后得到的图像效果及对应的"图层"面板。从中可以看出，上方的黑色导致该智能滤镜的效果被完全隐藏。

对于智能蒙版，同样可以进行添加或者删除的操作。在滤镜效果蒙版缩览图或者"智能滤镜"这几个字上单击鼠标右键，在弹出的快捷菜单中执行"删除滤镜蒙版"或者"添加滤镜蒙版"命令，"图层"面板状态如图10-54所示；也可以执行"图层"|"智能滤镜"|"删除滤镜蒙版"命令以及"添加滤镜蒙版"命令，这里的操作是可逆的。

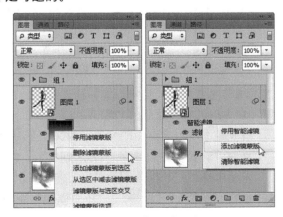

图10-53　原素材及面板　　　　　　　　　图10-54　"图层"面板

創意大学
Photoshop CS6标准教材

10.7.3 编辑智能滤镜

智能滤镜的一个优点在于可以反复编辑所应用的滤镜参数，直接在"图层"面板中双击要修改参数的滤镜名称即可进行编辑。图10-55所示为修改了"绘图笔"滤镜参数前后的图像对比效果。

图10-55　对比效果

10.7.4 停用智能滤镜

停用或者启用智能滤镜可以分为两种操作，即对所有智能滤镜操作和对单独某个智能滤镜操作。

要停用所有智能滤镜，在所属的智能对象图层最右侧的图标上单击鼠标右键，在弹出的快捷菜单中执行"停用智能滤镜"命令，即可隐藏所有智能滤镜生成的图像效果；再次在该位置处单击鼠标右键，在弹出的快捷菜单中执行"启用智能滤镜"命令，即可显示所有智能滤镜生成的图像效果。

较为便捷的操作是直接单击智能蒙版前面的图标，同样可以显示或者隐藏全部的智能滤镜。

如果要停用或者启用单个智能滤镜，也可以参照上面的方法进行操作，只不过需要在要停用或者启用的智能滤镜名称上进行操作。

10.8 拓展练习——模拟旋转摄影效果

源 文 件：	源文件\第10章\10.8.psd
视频文件：	视频\10.8.avi

本节主要介绍如何模拟旋转摄影效果。在模拟的过程中，主要运用了滤镜功能中的"径向模糊"命令以及编辑蒙版的功能。

01 打开随书所附光盘中的文件"源文件\第10章\10.8-素材.jpg"，如图10-56所示。

02 复制"背景"图层得到"背景 副本"。在"副本"图层名称上单击鼠标右键，在弹出的快捷菜单中执行"转换为智能对象"命令，以将"副本"图层转换为"智能对象"图层。

03 执行"滤镜"|"模糊"|"径向模糊"命令，设置弹出对话框中的参数，如图10-57所示，单击"确定"按钮退出对话框，得到如图10-58所示的效果。

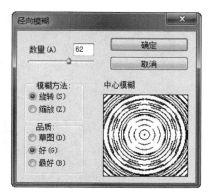

图10-56　素材图像　　　　　　　　　　　　图10-57　"径向模糊"对话框

04 选中智能蒙版缩览图，在工具箱中设置前景色为黑色，选择"渐变工具" ，并在其工具选项栏中单击"径向渐变"按钮 ▣，在画布中单击鼠标右键，在弹出的快捷菜单中选择渐变类型为"前景色到透明渐变"。

05 应用上一步设置好的渐变，从模糊的中心点向任意方向绘制，如图10-59所示。释放鼠标后的效果如图10-60所示。

06 确认选中的是智能蒙版缩览图，在工具箱中选择"移动工具" ⊹，在画布中向左稍稍拖动以调整蒙版的位置，以确定清晰的图像区域，如图10-61所示。

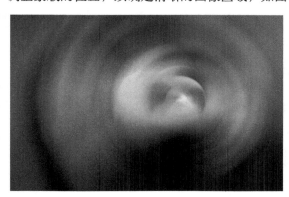

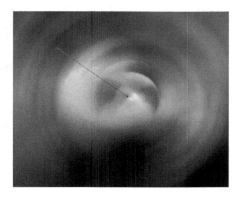

图10-58　执行"径向模糊"命令后的效果　　　　　图10-59　绘制渐变的方向

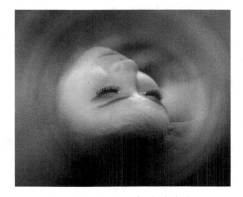

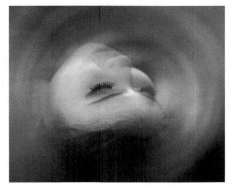

图10-60　释放鼠标后的效果　　　　　　　图10-61　调整蒙版位置后的效果

07 至此，完成本例的操作，最终整体效果如图10-62所示，"图层"面板如图10-63所示。

图10-62　最终效果

图10-63　"图层"面板

10.9　本章小结

　　本章主要介绍了Photoshop中的滤镜与智能滤镜功能。通过本章的学习，读者应能够熟练使用常用的滤镜功能，以制作油画、校正广角、模糊及变形等常见处理。另外，还应该对智能滤镜功能有一个较深入的了解，以便在工作过程中，使用智能滤镜功能方便、快速地进行各种特效处理。

10.10　课后习题

1. 单选题

（1）如果一张照片的扫描结果不够清晰，可用下列（　　　）滤镜弥补。

    A．中间值　　　　　　　　　　　　　　B．风格化

    C．USM锐化　　　　　　　　　　　　　D．去斑

（2）"液化"滤镜的快捷键是（　　　）。

    A．Ctrl+X　　　　　　　　　　　　　　B．Ctrl+Alt+X

    C．Ctrl+Shift+X　　　　　　　　　　　D．Ctrl+Alt+shift+X

2. 多选题

（1）关于文字图层执行滤镜效果的操作，下列（　　　）描述是正确的。

    A．首先执行"图层"｜"栅格化"｜"文字"命令，然后执行任何一个滤镜命令

    B．直接执行一个滤镜命令，在弹出的"栅格化"提示框中单击"是"按钮

    C．必须确认"文字"图层和其他图层没有链接，然后才可以执行"滤镜"命令

    D．必须使得这些文字变成选择状态，然后执行一个滤镜命令

（2）下列关于滤镜库的说法中正确的有（　　　）。

    A．在滤镜库中可以使用多个滤镜，并产生重叠效果，但不能重复使用单个滤镜多次

    B．在"滤镜库"对话框中，可以使用多个滤镜重叠效果，改变这些效果图层的顺序，重叠得到的效果不会发生改变

    C．使用滤镜库后，可以按Ctrl+F组合键重复应用滤镜库中的滤镜

    D．在"滤镜库"对话框中，可以使用多个滤镜重叠效果，当该效果层前的眼睛图标消失时，单击"确定"按钮，该效果将不进行应用

3. 填空题

（1）可以模拟移轴镜头拍摄效果的滤镜是_____。

（2）使用_____滤镜可以模拟出油画效果。

（3）在"液化"滤镜中，使用_____工具可以产生挤压效果，即图像向操作中心点处收缩的效果。

4. 判断题

（1）RGB模式下所有的滤镜都可以使用，索引模式下所有的滤镜都不可以使用。（　　）

（2）对智能对象图层应用任意滤镜时，都会产生相应的滤镜层。（　　）

（3）可以为智能对象图层设置不透明度与混合模式属性。（　　）

（4）"自适应广角"滤镜仅可以校正由鱼眼镜头拍摄的照片。（　　）

（5）使用"液化"滤镜可以对图像进行位移、膨胀等处理。（　　）

5. 上机操作题

（1）打开随书所附光盘中的文件"源文件\第10章\10.10上机操作题01-素材.tif"，如图10-64所示。使用"表面模糊"滤镜将人物的皮肤处理为图10-65所示的效果。

图10-64　素材文件

图10-65　表面模糊效果

（2）打开随书所附光盘中的文件"源文件\第10章\10.10上机操作题02-素材.jpg"，如图10-66所示。使用"光圈模糊"滤镜处理得到如图10-67所示的效果。

图10-66　原素材

图10-67　光圈模糊效果

第11章
通道

通道是Photoshop最重要的一种选区编辑功能，它可以将选区保存为黑白的图像，然后再像编辑图像一样改变它的形态，从而获得多种多样形态的选区，在进行复杂的扣选处理时，通道是必不可少的功能。本章介绍通道的概念及其使用方法。

学习要点

- 了解"通道"面板
- 了解通道的类型
- 掌握创建Alpha通道的方法
- 掌握通道的基础操作
- 了解分离与合并通道

11.1 了解"通道"面板

在Photoshop中要对通道进行操作，必须使用"通道"面板。执行"窗口"|"通道"命令即可显示"通道"面板，如图11-1所示。

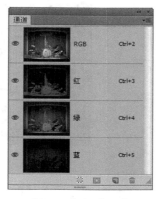

"通道"面板的组成元素较为简单，其底部按钮释义如下。

- "将通道作为选区载入"按钮：单击此按钮，可以载入当前选择的通道所保存的选区。
- "将选区存储为通道"按钮：在选区处于激活的状态时，单击此按钮，可以将当前选区保存为Alpha通道。
- "创建新通道"按钮：单击此按钮，可以按默认设置新建Alpha通道。
- "删除当前通道"按钮：单击此按钮，可以删除当前选择的通道。

图11-1 "通道"面板

11.2 通道的类型

▶ 11.2.1 原色通道

简单地说，原色通道是保存图像颜色信息、选区信息等的场所。例如，CMYK模式的图像具有四个原色通道与一个原色合成通道。

其中，图像中青色像素分布的信息保存在原色通道"青色"中，因此当改变原色通道"青色"中的颜色信息时，就可以改变青色像素分布的情况。同样，图像中黄色像素分布的信息保存在原色通道"黄色"中，因此当改变原色通道"黄色"中的颜色信息时，就可以改变黄色像素分布的情况。其他两个构成图像的洋红像素与黑色像素分别被保存在原色通道"洋红"及"黑色"中，最终看到的就是由这四个原色通道所保存的颜色信息所对应的颜色组合叠加而成的合成效果。

打开一幅CMYK模式的图像，可以看到四个原色通道与一个原色合成通道显示于"通道"面板中，如图11-2所示。

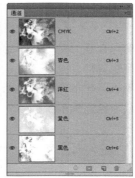

图11-2 CMYK模式的图像及通道

而对于RGB模式的图像，则有三个用于保存原色像素（R、G、B）的原色通道，即"红"、"绿"、"蓝"，还有一个原色合成通道，如图11-3所示。

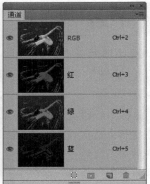

图11-3 RGB模式及通道

▶ 11.2.2 Alpha通道

与原色通道不同的是，Alpha通道是用来存放选区信息的，其中包括选区的位置、大小、是否具有羽化值或者羽化程度的大小等。

图11-4所示为一个图像中的Alpha通道，图11-5所示为通过此Alpha通道载入的选区。

图11-4 Alpha通道　　　　　　　　　　　　图11-5 载入的选区

▶ 11.2.3 专色通道

使用专色通道可以在分色时输出第五块或者第六块甚至更多的色片，用于定义需要使用专色印刷或者处理的图像局部。

在"通道"调板弹出的菜单中执行"新建专色通道"命令，将弹出其对话框，通过设置此对话框即可完成创建专色通道的操作。

▶ 11.2.4 经验之谈——专色与专色印刷

专色是指在印刷时，不是通过印刷C、M、Y、K四色合成的一种特殊颜色，这种颜色是由印刷厂预先混合好或油墨厂生产的专色油墨来印刷的。

在印刷专色时都有专门的一个色版与之相对应，使用专色可使颜色更准确，并且还能够起到节省印刷成本的作用。

由于大多数计算机屏幕不能准确地表示颜色，因此需要使用标准颜色色样卡查看该颜色在纸张上的准确颜色，如Pantone彩色匹配系统就创建了很详细的色样卡，同样要选择专色也需要使用专用的色样卡。

由于部分印刷厂不一定能准确地表现出设计中所使用的专色，因此若不是特殊的需求不要轻易使用专色。

11.3 创建Alpha通道

▶ 11.3.1 创建空白Alpha通道

单击"通道"面板底部的"创建新通道"按钮 ⬜，可以按照默认状态新建空白的Alpha通道，即当前通道为全黑色。

▶ 11.3.2 从选区创建相同形状的Alpha通道

在存在选区的情况下，执行"选择"|"存储选区"命令也可以将选区保存为通道。执行此命令后，弹出如图11-6所示的"存储选区"对话框。

对话框中各参数释义如下。

图11-6 "存储选区"对话框

- 文档：在其下拉菜单中显示了所有与当前图像文件尺寸相同的已打开的文件的名称，选择这些文件名称即可将选区保存在该图像文件中。如果在下拉列表中选择"新建"选项，则可以将选区保存在新文件中。

- 通道：在其下拉列表中列出了当前文件已存在的Alpha通道名称及"新建"选项。如果选择已有的Alpha通道，则可以替换该Alpha通道所保存的选区；如果选择"新建"选项，则可以创建新的Alpha通道。

- 新建通道：选中此单选按钮，可以添加新通道。如果在"通道"下拉列表中选择一个已存在的Alpha通道，则"新建通道"单选按钮将转换为"替换通道"单选按钮，选中此单选按钮，可以用当前选区生成的新通道替换所选择的通道。

- 添加到通道：在"通道"下拉列表中选择一个已存在的Alpha通道后，此单选按钮被激活。选中此单选按钮，可以在原通道的基础上添加当前选区所定义的通道。

- 从通道中减去：在"通道"下拉列表中选择一个已存在的Alpha通道后，此单选按钮被激活。选中此单选按钮，可以在原通道的基础上减去当前选区所创建的通道，即在原通道中以黑色填充当前选区所定义的区域。

- 与通道交叉：在"通道"下拉列表中选择一个已存在的Alpha通道后，此单选按钮被激活。选中此单选按钮，可以得到原通道与当前选区所创建的通道的重叠区域。

🔍 提 示

在当前存在选区的情况下，单击"通道"面板底部的"将选区存储为通道"按钮 ▣ 即可创建Alpha通道。此操作方法比执行"选择"|"存储选区"命令更简单。

11.3.3　载入Alpha通道的选区

　　在操作时既可以将选区保存为Alpha通道，也可以将通道作为选区载入（包括原色通道与专色通道等）。在"通道"面板中选择任意一个通道，然后单击"通道"面板底部的"将通道作为选区载入"按钮 ░ ，即可载入此Alpha通道所保存的选区。此外，也可以在载入选区的同时进行运算。

　　（1）按住Ctrl键单击通道，可以直接调用此通道所保存的选区。

　　（2）在选区已存在的情况下，如果按Ctrl+Shift组合键单击通道，可以在当前选区中增加该通道所保存的选区。

　　（3）在选区已存在的情况下，如果按Alt+Ctrl组合键单击通道，可以在当前选区中减去该通道所保存的选区。

　　（4）在选区已存在的情况下，如果按Alt+Ctrl+Shift组合键单击通道，可以得到当前选区与该通道所保存的选区相重叠的选区。

> 🔍 **提　示**
>
> 　　按照上述方法也可以载入颜色通道中的选区。

➡️ 实例：抠选人物头发

源　文　件：	源文件\第11章\11.3.psd
视频文件：	视频\11.3.avi

　　本例将结合"计算"命令以及"画笔工具" ✐ 等功能，选择人物头发边缘柔和不规则的图像。下面通过一个实例来介绍如何运用此技巧。

01 打开随书所附光盘中的文件"源文件\第11章\11.3-素材.psd"，如图11-7所示，将其作为本例的背景图像。

02 切换至"通道"面板，选择"蓝"通道，如图11-8所示。此时通道中的状态如图11-9所示。

图11-7　素材图像　　　　　　图11-8　选择通道　　　　　　图11-9　选中状态

03 执行"图像"|"调整"|"色阶"命令，设置弹出的对话框，如图11-10所示，得到如图11-11所示的效果。

> 🔍 **提　示**
>
> 　　下面利用"画笔工具" ✐ 将人物范围内的灰色区域涂抹成黑色，以减少选区。

04 设置前景色为黑色，选择"画笔工具" ，并在其工具选项栏中设置适当的画笔大小，在人物图像范围内进行涂抹，直至得到如图11-12所示的效果。

05 按住Ctrl键单击"Alphal"通道缩览图以载入其选区，按Ctrl+Shift+I组合键执行"反向"操作，以反向选择当前的选区。

06 切换至"图层"面板，选择"背景"图层，此时图像状态如图11-13所示。

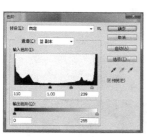

图11-10　设置对话框　　　图11-11　设置效果　　　图11-12　涂抹效果　　　图11-13　图像状态

07 按Ctrl+J组合键复制选区中的内容得到"图层1"，隐藏"背景"图层，最终效果如图11-14所示。"图层"面板如图11-15所示。图11-16所示为本例的应用效果。

图11-14　隐藏图层的效果　　　　图11-15　"图层"面板　　　　图11-16　应用效果

可以尝试在上面实例的基础上，将素材图像转换为CMYK模式，然后从中选择一个头发与其他图像对比最好的通道，并以此为基础将人物抠选出来。

11.4　通道基础操作

▶ 11.4.1　复制通道

要复制通道有两种方法，第一种是直接将要复制的通道拖动到"通道"面板底部的"创建新通道"按钮 上；第二种是在要复制的通道名称上单击鼠标右键，在弹出的快捷菜单中执行"复制通道"命令，弹出"复制通道"对话框，如图11-17所示。

"复制通道"对话框中的参数释义如下。

图11-17 "复制通道"对话框

- 复制：在其右侧显示所复制的通道的名称。
- 为：在其中键入复制得到的通道的名称，默认为"当前通道名称 副本"（根据所要复制的通道的不同，显示为"蓝 副本"等）。
- 文档：在其下拉列表中选择复制得到的通道的存放文件。如果选择"新建"选项，则由复制得到的通道生成一个多通道模式的新文件。
- 名称：如果在"文档"下拉列表中选择了"新建"选项，则可以在此键入新文件的名称。

➡ 实例：选出冰块并制作冰酷苹果

源 文 件：	源文件\第11章\11.4.psd
视频文件：	视频\11.4.avi

本例将利用通道抠选出冰块，以制作一个冰酷苹果的特效图像效果。

图11-18 冰块素材图像

01 打开随书所附光盘中的文件"源文件\第11章\11.4-素材1.tif"，如图11-18所示。

02 切换至"通道"面板并分别单击"红"、"绿"、"蓝"3个通道的缩览图，查看它们的状态，如图11-19、图11-20和图11-21所示，并从中选中一幅对比度较好的通道。

🔍 提 示

这里所说的"对比度较好"指的是要选出的对象与其他区域图像的对比度，例如在本例中要选出冰块，就表示要选择一个冰块与背景图像的对比度较好的通道。其中通道"红"相对偏暗，而通道"蓝"则偏亮，所以此处选择通道"绿"。

03 复制通道"绿"得到"绿副本"，此时的"通道"面板如图11-22所示。

🔍 提 示

虽然当前选择的通道是对比度最好的，但要选出冰块图像，还需要继续加强它们的对比度，尽量将冰块所在的图像变为白色或提亮，通常可以执行"色阶"命令进行调整。

图11-19 "红"通道中的状态

图11-20 "绿"通道中的状态

图11-21 "蓝"通道中的状态

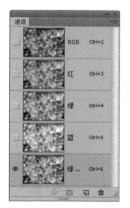

图11-22 复制通道后的"通道"面板

04 按Ctrl+L组合键执行"色阶"命令,设置弹出的对话框如图11-23所示,得到如图11-24所示的效果。

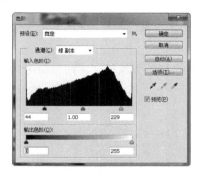

图11-23 "色阶"对话框

图11-24 调整图像后的效果

05 按Ctrl键单击"绿 副本"的缩览图以载入其选区,切换至"图层"面板并单击"背景"图层,然后按Ctrl+C组合键执行"拷贝"操作。

06 打开随书所附光盘中的文件"源文件\第11章\11.4-素材2.tif",如图11-25所示。

07 按Ctrl+V组合键执行"粘贴"操作,得到"图层1"。按Ctrl+T组合键调出自由变换定界框,并将图像变换为与图像画布相同大小,按Enter键确认变换操作,得到如图11-26所示的效果。

图11-25 素材图像

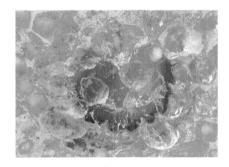

图11-26 缩放并摆放冰块图像位置

🔍 **提 示**

下面将通过使用图层混合模式将冰块与苹果混合在一起。

08 设置"图层1"的混合模式为"柔光"，得到图11-27所示的效果。

09 复制"图层1"得到"图层1副本"，并设置该副本图层的混合模式为"强光"，得到如图11-28所示的效果。

图11-27 设置混合模式为"柔光"　　　　图11-28 设置混合模式为"强光"

> **提示**
>
> 此时冰块与苹果已经基本溶合在一起，但图像也因此显得过亮。下面将通过图像调整命令来增加图像的对比度。

10 单击"创建新的填充或调整图层"按钮 ⬛️，在弹出的菜单中执行"曲线"命令，设置弹出的面板如图11-29所示，得到如图11-30所示的效果。

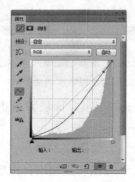 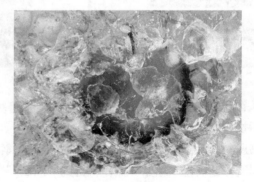

图11-29 "曲线"面板　　　　图11-30 最终效果

11.4.2 重命名通道

在"通道"面板中除了原色通道外，其他通道的名称都可以按需要改变。要改变通道的名称，可以在"通道"面板中双击该通道，当通道名称显示为文本框时，键入新的名称即可。

11.4.3 删除通道

当确认要删除某一个通道时，可以执行下面的操作之一。

（1）选择要删除的通道，直接将要删除的通道拖动到"通道"面板底部的"删除当前通道"按钮 🗑️ 上。

（2）选择要删除的通道，然后单击"通道"面板底部的"删除当前通道"按钮 🗑️，在弹出的提示对话框中单击"是"按钮。

（3）选择要删除的通道，然后在通道名称上单击鼠标右键，从弹出的快捷菜单中执行"删除通道"命令。

> 🔍 **提　示**
>
> 删除原色通道将改变当前图像的颜色模式。

11.5 拓展练习——用通道制作玻璃笑脸

源　文　件：	源文件\第11章\11.5.psd
视频文件：	视频\11.5.avi

下面介绍如何结合Alpha通道、滤镜以及混合模式等功能，制作玻璃笑脸效果，具体操作步骤如下所述。

01 打开随书所附光盘中的文件"源文件\第11章\11.5-素材1.psd"，如图11-31所示，此时"图层"面板如图11-32所示。

> 🔍 **提　示**
>
> 下面制作水面中的荷叶以及荷叶上的水珠图像。

02 打开随书所附光盘中的文件"源文件\第11章\11.5-素材2.psd"，使用"移动工具" ⊕ 将其拖至上一步打开的文件中，并按图11-33所示的位置进行摆放，同时得到"图层2"。在此图层的名称上单击鼠标右键，在弹出的快捷菜单中执行"转换为智能对象"命令，从而将其转换为"智能对象"图层。

图11-31　设置图层属性后的效果　　　图11-32　"图层"面板　　　图11-33　摆放图像

> 🔍 **提　示**
>
> 后面将对该图层中的图像进行滤镜操作，而"智能对象"图层则可以记录下所有的参数设置，以便于进行反复的调整。另外，还可以利用智能蒙版得到所需的图像效果。下面利用"钢笔工具" ✐ 绘制荷叶中的笑脸轮廓。

03 选择"钢笔工具" ✐ ，并在其工具选项栏中选择"路径"选项和"合并形状"选项，在荷叶上绘制路径，如图11-34所示。

04 按Ctrl+Enter组合键将路径转换为选区，切换至"通道"面板，单击"将选区存储为通道"按钮 ▣ ，得到"Alpha 1"。按Ctrl+D组合键取消选区，选择"Alpha 1"，此时通道中的状态

创意大学
Photoshop CS6标准教材

如图11-35所示。"通道"面板如图11-36所示。

图11-34　绘制路径

图11-35　"Alpha 1"通道状态

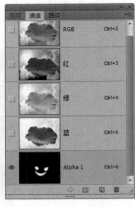

图11-36　"通道"面板状态

05 执行"滤镜"|"扭曲"|"水波"命令，设置弹出的对话框如图11-37所示，得到如图11-38所示的效果。

06 按住Ctrl键单击"Alpha 1"通道缩览图，以载入其选区，切换至"图层"面板，选择"图层2"，新建"图层3"，设置前景色为黑色，按Alt+Delete组合键以前景色填充选区，按Ctrl+D组合键取消选区，得到的效果如图11-39所示。

图11-37　"水波"对话框

图11-38　执行"水波"命令后的效果

图11-39　填充后的效果

07 设置"图层3"的填充为0%，打开随书所附光盘中的文件"源文件\第11章\11.5-素材3.asl"，执行"窗口"|"样式"命令，以显示"样式"面板，单击刚刚打开的样式（一般最后一个），得到如图11-40所示的效果。

提 示

下面制作水珠内的荷叶图像。

08 按住Ctrl键单击"图层3"图层缩览图以载入其选区。选择"图层2"，执行"滤镜"|"扭曲"|"玻璃"命令，设置对话框中的参数如图11-41所示，得到如图11-42所示的效果。"图层"面板如图11-43所示。

09 选择"图层3"，按住Ctrl键单击"图层3"图层缩览图以载入其选区。单击"创建新的填充或调整图层"按钮，在弹出的菜单中执行"色阶"命令，设置弹出的面板如图11-44所示，得到如图11-45所示的效果，同时得到图层"色阶1"。

图11-40　应用图层样式后的效果

图11-41　设置参数

图11-42　执行"玻璃"命令后的效果

图11-43　"图层"面板

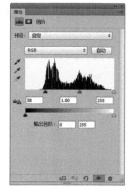

图11-44　"色阶"面板

图11-45　执行"色阶"命令后的效果

🔍 提 示

　　下面结合"画笔工具" ✍ 及设置图层不透明度的功能，制作荷叶的投影以及倒影效果。

10 选择"图层1"，新建"图层4"，设置前景色为黑色，选择"画笔工具" ✍ ，并在其工具选项栏中设置适当的画笔大小，在荷叶的边缘进行涂抹，直至得到如图11-46所示的效果。设置当前图层的不透明度为79%，以融合图像，得到的效果如图11-47所示。

11 按住Alt键将"图层2"拖至"图层4"下方，得到"图层2 副本"。将"玻璃"滤镜效果名称拖至"删除图层"按钮 🗑 上以删除此滤镜效果。执行"滤镜"|"扭曲"|"水波"命令，设置弹出的对话框如图11-48所示，得到如图11-49所示的效果。

12 使用"移动工具" ⊕ 调整图像的位置，得到的效果如图11-50所示。设置"图层2 副本"的混合模式为"正片叠底"，填充为25%，以混合图像，得到的效果如图11-51所示。

图11-46　涂抹后的效果

图11-47　设置不透明度后的效果

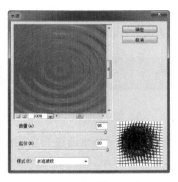

图11-48　"水波"对话框

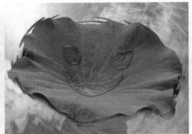

图11-49 应用"水波"后的效果　　　图11-50 调整图像位置　　　图11-51 设置图层属性后的效果

 提示

至此，荷叶图像的投影及倒影效果已制作完成。下面制作荷叶中的装饰图像。

13 打开随书所附光盘中的文件
"源文件\第11章\11.5-素材
4.psd"，按住Shift键使用
"移动工具" 将其拖至
上一步制作的文件中。将图
层"蜻蜓"和"星光"拖至
所有图层上方，将"蜻蜓 副
本"拖至"图层1"上方，
得到的最终效果如图11-52所
示。"图层"面板如图11-53
所示。

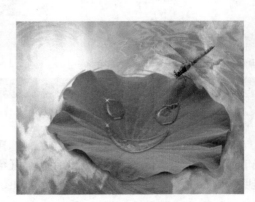

图11-52　最终效果　　　　　图11-53　"图层"面板

11.6　本章小结

本章主要介绍了photoshop中的各种通道，及其相关处理方法。通过本章的学习，读者应对Photoshop的通道类型有所了解，掌握通道的创建、复制、删除等基础操作，并能够熟练使用颜色通道、Alpha通道配合调整命令进行抠图处理。

11.7　课后习题

1. 单选题

（1）Alpha通道最主要的用途是（　　）。

　　A. 保存图像色彩信息　　　　　　B. 保存图像未修改前的状态
　　C. 用来存储和建立选区　　　　　D. 保存路径

（2）在"通道"面板上按住（　　　）功能键可以加选通道中的选区。

    A．Alt　　　　　　　　　　　　　B．Shift

    C．Ctrl　　　　　　　　　　　　　D．Tab

2. 多选题

（1）在Photoshop中有（　　　）通道。

    A．颜色通道　　　　　　　　　　B．Alpha通道

    C．专色通道　　　　　　　　　　D．选区通道

（2）以下关于通道的说法中，（　　　）是正确的。

    A．通道可以存储选择区域

    B．通道中的白色部分表示被选择的区域，黑色部分表示未被选择的区域，无法倒转过来

    C．Alpha通道可以删除，颜色通道和专色通道不可以删除

    D．快速蒙版是一种临时的通道

3. 填空题

（1）复制颜色通道后创建得到的是_____。

（2）依据选区创建Alpha通道时，选区内的范围被转换为_____。

4. 判断题

（1）Photoshop中CMYK模式下的通道有4个。（　　　）

（2）要删除多个Alpha通道时，可以按住Ctrl或Shift键单击其名称，以选中多个通道，然后将其拖至删除按钮上即可。（　　　）

（3）将通道拖至"创建新通道"按钮上，或按住Alt键拖动要复制的通道，即可复制通道。（　　　）

5. 上机操作题

（1）打开随书所附光盘中的文件"源文件\第11章\11.7上机操作题01-素材.jpg"，如图11-54所示。执行"曲线"命令分别选择"红"和"蓝"颜色通道并进行调整，以改变其颜色，得到如图11-55所示的效果。

（2）打开随书所附光盘中的文件"源文件\第11章\11.7上机操作题02-素材.jpg"，如图11-56所示。使用通道与绘制路径，将人物从背景中抠选出来，如图11-57所示。

图11-54　素材图像　　　图11-55　调整通道效果　　　图11-56　打开素材　　　图11-57　抠选人物

第12章
自动化处理

Photoshop提供了大量自动化处理功能，以减少用户的重复性工作，有些自动化功能还可以帮助生成特殊的文件格式或图像合成效果。本章介绍这些自动化功能的使用方法及技巧。

学习要点

- 了解"动作"面板
- 掌握创建与编辑动作的方法
- 掌握自动化处理方法
- 了解用脚本进行处理的方法

12.1 了解"动作"面板

要应用、录制、编辑、删除动作，就必须使用"动作"面板，可以说此面板是"动作"的控制中心。要显示此面板，可以执行"窗口"|"动作"命令或直接按F9键，打开的"动作"面板如图12-1所示，其中各个按钮的功能如下所述。

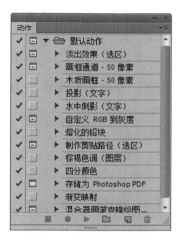

- "创建新动作"按钮 ⬚：单击该按钮，可以创建一个新动作。
- "删除"按钮 🗑：单击该按钮，可以删除当前选择的动作。
- "创建新组"按钮 ▭：单击该按钮，可以创建一个新动作组。
- "播放选定的动作"按钮 ▶：单击该按钮，可以应用当前选择的动作。
- "开始记录"按钮 ●：单击该按钮，可以开始录制动作。

图12-1 "动作"面板

- "停止播放/记录"按钮 ■：单击该按钮，可以停止录制动作。

从图12-1可以看出，在录制动作时，不仅执行的命令被录制在动作中，而如果该命令具有参数，那么参数也会被录制在动作中。因此应用动作可以得到非常精确的效果。

如果面板中的动作较多，则可以将同一类动作存放在用于保存动作的组中。例如，用于创建文字效果的动作，可以保存于"文字效果"组；用于创建纹理效果的动作，可以保存于"纹理效果"组。

12.2 录制与编辑动作

12.2.1 录制新动作

要创建新的动作，可以按下述步骤操作。

01 单击"动作"面板底部的"创建新组"按钮 ▭ 。

02 在弹出的对话框中输入新组名称后，单击"确定"按钮，建立一个新组。

03 单击"动作"面板底部的"创建新动作"按钮 ⬚ ，或单击"动作"面板右上角的面板按钮 ▼，在弹出的菜单中执行"新建动作"命令。

04 设置弹出的"新建动作"对话框，如图12-2所示。

- 组：在此下拉列表中列出了当前"动作"面板中所有动作的名称，在此可以选择一个将要放置新动作的组名称。
- 功能键：为了更快捷地播放动作，可以在该下拉列表中选择一个功能键，从而在播放新动作时，直接按功能键即可。

05 设置"新建动作"对话框中的参数后，单击"记录"按钮，即可创建一个新动作，同时

图12-2 "新建动作"对话框

"开始记录"按钮自动被激活，显示为红色，表示进入动作的录制阶段。

06 执行需要录制在动作中的命令。

07 所有命令操作完毕，或在录制中需要终止录制过程时，单击"停止播放／记录"按钮 ■ ，即可停止动作的记录状态。

08 在此情况下，停止录制动作前在当前图像文件中的操作都被记录在新动作中。

➜ 实例：录制增加版权标志的动作

源 文 件：	源文件\第12章\12.2.1.psd
视频文件：	视频\12.2.1.avi

本例将录制一个为照片添加居中版权的动作，其操作方法如下所述。

01 打开随书所附光盘中的文件"源文件\第12章\12.2.1-素材.tif"，如图12-3所示。

> 🔍 **提 示**
>
> 在录制动作前，需要将版权标志转换为路径，然后将路径插入至需要添加版权标志的动作中。

02 结合使用"自定形状工具" 🔲 和"横排文字工具" 🔲 ，在图像中制作如图12-4所示的版权标志路径，并一直保持该路径的显示状态。

图12-3　素材图像　　　　　　　　　　　　图12-4　添加路径

> 🔍 **提 示**
>
> 下面开始录制添加版权标志的动作。

03 按F9键或执行"窗口"|"动作"命令以打开"动作"面板。

04 单击"动作"面板底部的"创建新组"按钮 🔲 ，在弹出的对话框中输入其名称为"添加版权标志"，单击"确定"按钮即可在"动作"面板中新建一个组，如图12-5所示。

05 单击"动作"面板底部的"创建新动作"按钮 🔲 ，在弹出的"新建动作"对话框中输入新动作名称为"添加版权标志"。

06 单击"记录"按钮退出对话框，下面就已经开始录制动作了，其标志就是"动作"面板底部的"开始记录"按钮 🔘 已经变为红色 🔴 ，如图12-6所示。

07 执行"图像"|"图像大小"命令，在弹出的对话框中取消"重定图像像素"复选框的选中状态，然后设置"分辨率"数值为72，如图12-7所示。

08 单击"确定"按钮退出对话框，此时"动作"面板将会记录下刚刚进行的"图像大小"操

作，如图12-8所示。

图12-5　创建新组　　图12-6　新建动作　　图12-7　"图像大小"对话框　　图12-8　"动作"面板

🔍 提　示

在"图像大小"对话框中需要为其指定一个统一的分辨率数值，否则当播放动作时，如果处理的图像分辨率大于（或小于）当前录制动作的图像分辨率，就会出现路径变大（或变小）的情况。如果当前使用的图像分辨率已经是72，则可以先停止记录动作，将其改为其他数值后再继续录制动作。

09 在当前显示版权标志路径的情况下，单击"动作"面板右上角的下三角按钮，在弹出的菜单中执行"插入路径"命令，此时的"动作"面板变为如图12-9所示的状态。

10 新建一个图层得到"图层1"，按Ctrl+Enter组合键将当前路径转换为选区，按D键将前景色和背景色恢复为默认的黑、白色，按Ctrl+Delete组合键填充选区，按Ctrl+D组合键取消选区，得到如图12-10所示的效果，此时的"动作"面板如图12-11所示。

图12-9　插入工作路径　　　　　图12-10　填充选区　　　　　图12-11　"动作"面板

🔍 提　示

为了使版权标志绝对位于图像的中心位置，需要使用对齐功能。由于Photoshop中无法记录该操作，所以只能通过执行"插入菜单项目"命令来完成。

11 选择"图层1"和"背景"图层，单击"动作"面板右上角的下三角按钮，在弹出的菜单中执行"插入菜单项目"命令，默认情况下会弹出如图12-12所示的对话框。

12 执行"图层"|"对齐"|"垂直居中"命令，则"插入菜单项目"对话框将变为如图12-13所示的状态，单击"确定"按钮退出对话框。

图12-12　"插入菜单项目"对话框　　　　　图12-13　执行"垂直居中"命令

13 按照上述方法再次执行"图层"|"对齐"|"水平居中"命令，此时的"动作"面板如图12-14所示。

14 单击选择"图层1"，并设置该图层的不透明度为30%，得到如图12-15所示的效果，此时的"动作"面板如图12-16所示。

15 按Ctrl+Shift+E组合键执行"合并可见图层"操作，然后按Ctrl+W组合键或执行"文件"|"关闭"命令关闭并保存对当前图像的修改。单击"动作"面板底部最左侧的"停止播放/记录"按钮 ■ 完成动作的录制，此时的"动作"面板如图12-17所示。

图12-14 "动作"面板

图12-15 设置图层不透明度　　图12-16 关闭并保存图像　图12-17 录制完毕后的"动作"面板

可以尝试使用"自定义形状工具"绘制任意一个图形作为水印，然后将该路径插入到上面实例中录制完成的动作，并替换原来的水印路径。

▶ 12.2.2 应用已有动作

Photoshop提供了大量预设动作，利用这些动作可以快速得到各种字体、纹理及边框效果。在此以为图像添加暴风雪效果为例，介绍如何应用这些预设的动作。

01 打开随书所附光盘中的文件"源文件\第12章\12.2.2-素材.tif"，如图12-18所示。选择"动作"面板中"图像效果"动作组下的"暴风雪"动作，如图12-19所示。

02 单击"动作"面板底部的"播放选定的动作"按钮 ▶ ，Photoshop自动执行当前选择的动作中的所有命令，效果如图12-20所示。

图12-18 素材图像　　　　　图12-19 "动作"面板　　　　　图12-20 播放效果

在"动作"面板弹出菜单的底部有Photoshop预设的动作组，如图12-21所示，直接单击所需要的动作组名称，即可载入该动作组所包含的动作。

可以打开随书所附光盘中的文件"源文件\第12章\12.2.2-2-素材.jpg",如图12-22所示。载入"LAB - 黑白技术"动作预设,并使用其中的动作将照片处理为如图12-23所示的效果。

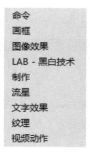

命令
画框
图像效果
LAB - 黑白技术
制作
流星
文字效果
纹理
视频动作

图12-21　预设的动作组　　　　图12-22　素材文件　　　　　　图12-23　处理效果

12.2.3　修改动作中命令的参数

对于已录制完成的动作,也可以改变其中的命令参数。

在"动作"面板中双击需要改变参数的命令,在弹出的对话框中输入新的数值,单击"确定"按钮即可。

12.2.4　重新排列命令顺序

对话框开关为应用动作提供了很大的自由度。通常情况下,在播放动作时,动作所录制的命令按录制时所指定的参数操作对象。

如果打开对话框开关,则可使动作暂停,并显示对话框,以方便执行者针对不同情况指定不同的参数。在"动作"面板中选择需要暂停并弹出对话框的命令,单击该命令名称左边的切换对话框开关,使其显示为 状态,即可开启对话框开关。再次单击此位置,使其呈现空格状态,即可关闭对话框开关。

如果要使某动作中所有可设置参数的命令都弹出对话框,则可单击动作名称左边的切换对话开关,使其显示为 状态,同样再次单击此位置,可以取消 图标,使之变为 状态。

12.2.5　插入停止

在录制动作的过程中,由于某些操作无法被录制,但却必须执行,因此需要在录制过程中插入一个"停止"对话框,以提示操作者。

下面以一个实例来介绍在"动作"中插入"停止"对话框的操作步骤。

01 单击"动作"面板上的"创建新动作"按钮 ,新建"动作1"。

02 利用"椭圆选框工具" 绘制一个椭圆形选区,如图12-24所示。

03 选择"减淡工具" ,在其工具选项栏中设置"曝光度"数值为30%。

🔍 提　示

　　利用"减淡工具" 在选区操作的过程不能被录制,在此要"插入停止"。执行"动作"面板弹出菜单中的"插入停止"命令,设置弹出的对话框如图12-25所示。

图12-24 绘制选区

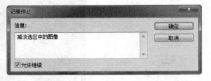

图12-25 "记录停止"对话框

04 "记录停止"对话框中重要参数的解释如下。

- 信息：在下面的文本框中输入提示性的文字。
- 允许继续：选中此复选框，在应用动作时，弹出如图12-26所示的提示框，如果未选中此复选框，则弹出如图12-27所示的提示框。

图12-26 提示框

图12-27 "信息"对话框

05 单击"确定"按钮，此时在"动作1"中将录制"停止"命令，如图12-28所示。

06 在"动作"面板中单击"停止播放／记录"按钮 ■ ，完成录制。

　　当应用录制有"停止"命令的动作时，可以根据当前状态选择是否执行提示框的提示操作。

图12-28 "动作"面板

- 如果要进行操作，则单击"停止"按钮，执行相应的操作，待操作完成后，单击"播放选定的动作"按钮 ▶ 继续应用动作。
- 如果不需要进行相应的操作，可以直接单击"继续"按钮，跳过提示框继续应用动作。

12.3　自动化与脚本

▶ 12.3.1　批量处理

　　如果说动作命令能够对单一对象进行某种固定操作，那么"批处理"命令显然更为强大，它能够对指定文件夹中的所有图像文件执行指定的动作。例如，如果希望将某一个文件夹中的图像文件转存为TIFF格式的文件，只需要录制一个相应的动作，并在"批处理"命令中为要处理的图像指定这个动作，即可快速完成。

　　执行"文件"|"自动"|"批处理"命令，弹出如图12-29所示的对话框。

"批处理"对话框中，主要参数如下所述。

- 组：在此下拉列表中可以选择要应用的动作所在的动作组。
- 动作：在此下拉列表中可以选择要对图像进行处理的动作。
- 源：在其下拉列表中有4个选项，即"文件夹"、"输入"、"打开的文件"和"Bridge"。
- 覆盖动作中的"打开"命令：如果需要动作中的"打开"命令处理在此命令对话框中指定的文件，应选中此复选框。
- 包含所有子文件夹：选中此复选框，可以指定动作处理指定的文件夹中所有子文件夹及其中的所有文件。

图12-29 "批处理"对话框

- 禁止显示文件打开项对话框：选中此复选框后会隐藏"文件打开选项"对话框。
- 禁止颜色配置文件警告：选中此复选框可以关闭当打开图像的颜色方案与当前使用的颜色方案不一致时弹出的提示信息。
- 目标：在此下拉列表中可以选择处理后文件存放的位置。选择"无"选项，则使文件保持打开而不存储更改（除掉动作包括"存储"命令）；选择"存储并关闭"选项，可以在执行动作后关闭并保存对图像的修改；选择"文件夹"选项，可以将处理的文件存储到另一位置，选择此选项应该单击"选择"按钮，在弹出的"浏览文件夹"对话框中指定文件保存的位置。
- 覆盖动作中的"存储为"命令：选中此复选框，则动作中的"存储为"命令将引用批处理的文件，而不是动作中指定的文件名和位置。
- 文件命名：如果需要对执行批处理后生成的图像命名，可以在6个下拉菜单中选择合适的命名方式。
- 错误：从此下拉菜单中可以选择处理错误的选项。选择"由于错误而停止"选项，可以挂起处理，直至确认错误信息为止。选择"将错误记录到文件"选项，可以将每个错误记录至一个文本文件中并继续处理，因此必须单击"存储为"命令按钮为文本文件指定要存储的文件夹位置，并为该文件命名。

实例：使用"批处理"命令批量处理图像

源 文 件：	源文件\第12章\12.3.1.psd
视频文件：	视频\12.3.1.avi

本例将利用前面录制的动作，为照片批量添加版权标志。其操作步骤如下所述。

01 首先在"我的文档"中新建一个名为"批理添加版权标志"的文件夹，用于存放添加版权标志后的图像。

🔍 提 示

可以打开随书所附光盘中的文件夹"源文件\第12章\12.3.1-素材"中的图像进行操作。

由于需要将图像在添加版权标志后存放在另外一个文件夹，就需要删除动作"添加版权标志"的最后一步"关闭"操作，此时的"动作"面板如图12-30所示。

图12-30 "动作"面板

02 在"动作"面板中选择在上一节录制的动作，然后执行"文件"|"自动"|"批处理"命令，则弹出如图12-31所示的对话框。

图12-31 "批处理"对话框

🔍 提 示

在调出"批处理"对话框后，默认情况下会使用"动作"面板中选择的动作进行处理。

03 在对话框中的"源"下拉列表中选择"文件夹"选项，并单击下面的"选取"按钮，在弹出的对话框中指定要处理图像所在的文件夹。

04 在对话框的下半部分"目标"下拉列表中选择"文件夹"选项，并单击下面的"选择"按钮，在弹出的对话框中指定处理后图像存放的位置，例如此处选择本例第1步新建的文件夹"批理添加版权标志"，如图12-32所示。

05 最后在对话框的底部设置文件另存时的重命名方式，如图12-33所示。

图12-32 选择文件夹　　　　　　　　图12-33 设置命名方式

06 参数设置完毕后，单击"确定"按钮即开始批量处理图像，直至完毕。图12-34所示为执行"批处理"命令添加版权标志后的部分图像效果。

图12-34 添加版权标志后的部分图像效果

可以尝试使用"源文件\第12章\12.3.1-2-素材"文件夹中的素材，载入"LAB - 黑白技术"动作预设，然后执行"批处理"命令将其中的照片全部转换成单色效果。

12.3.2 合成全景图像

"Photomerge"命令能够拼合具有重叠区域的连续拍摄照片，使其拼合成一个连续的全景图像。图12-35所示为原图像，图12-36所示为执行"Photomerge"命令拼合后的全景图像。

图12-35　原图像

图12-36　拼合的全景图像

　　执行此命令拼合全景图像，要求拍摄者拍摄出几张在边缘有重合区域的照片。比较简单的方法是拍摄时手举相机保持高度不变，身体连续旋转几次，从几个角度将要拍摄的景物分成几个部分拍摄出来，然后在Photoshop中执行"Photomerge"命令完成拼接操作。

　　执行"文件"|"自动"|"Photomerge"命令，弹出如图12-37所示的对话框。

　　Photomerge对话框中的主要参数介绍如下。

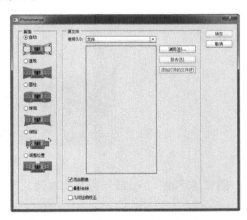

图12-37　"Photomerge"对话框

- 文件：可以使用单个文件生成Photomerge合成图像。
- 文件夹：使用存储在一个文件夹中的所有图像文件来创建Photomerge合成图像。该文件夹中的文件会出现在此对话框中。

对话框中其他参数释义如下。

- 混合图像：选中此复选框，可以使Photoshop自动混合图像，以尽可能地智能化拼合图像。
- 晕影去除：选中此复选框，可以补偿由于镜头瑕疵或者镜头遮光处理不当而导致照片边缘较暗的现象，以去除晕影并执行曝光度补偿操作。

- 几何扭曲校正：选中此复选框，可以补偿由于拍摄问题在照片中出现的桶形、枕形或者鱼眼失真。

实例：合成全景图

源 文 件：	源文件\第12章\12.3.2.psd
视频文件：	视频\12.3.2.avi

本例将介绍执行"Photomerge"命令合成全景图的方法。

01 在弹出的"Photomerge"对话框中，从"使用"下拉列表中选择如下选项。如果希望使用已经打开的文件，则单击"添加打开的文件"按钮。

> 🔍 **提 示**
>
> 本步使用的素材图像为随书所附光盘中的文件"源文件\第12章\12.3.2-素材1.jpg"、"源文件\第12章\12.3.2-素材2.jpg"和"源文件\第12章\12.3.2-素材3.jpg"。

02 在对话框的左侧选择一种版面类型。此处选中"自动"单选按钮。

03 单击"确定"按钮退出此对话框，即可得到Photoshop按版面类型生成的全景图像，效果及对应的"图层"面板如图12-38所示。

图12-38　"图层"面板

使用"裁剪工具" ✄ 进行裁剪后即可得到完整的全景效果，如图12-39所示。

图12-39　全景效果

图12-40和图12-41所示为使用其他几种版面类型所得到的全景效果。

图12-40　选中"圆柱"单选按钮后的效果　　　　图12-41　选中"拼贴"单选按钮后的效果

12.3.3　PDF演示文稿

执行"PDF演示文稿"命令，可以将图像转换为一个PDF文件，并可以通过设置参数，使生成的PDF具有演示文稿的特性，如设置页面之间的过渡效果、过渡时间等特性。

执行"文件"|"自动"|"PDF演示文稿"命令，将弹出如图12-42所示的对话框。

"PDF演示文稿"对话框中参数的含义解释如下。

- 添加打开的文件：选中此复选框，可以将当前已打开的照片添加至转为PDF的范围。
- 浏览：单击此按钮，在弹出的对话框中可以打开要转为PDF的图像。
- 复制：在"源文件"下面的列表框中，选择一个或多个图像文件，单击此按钮，可以创建选中图像文件的副本。
- 移去：单击此按钮，可以将图像文件从"源文件"下面的列表框中移除。
- 存储为：在此选中"多页面文档"单选按钮，则仅将图像转换为多页的PDF文件；选中"演示文稿"单选按

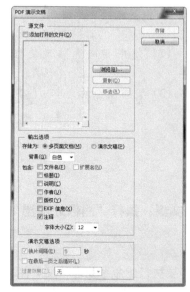

图12-42　"PDF演示文稿"对话框

钮，则底部的"演示文稿选项"选项组中的参数将被激活，并可在其中设置演示文稿的相关参数。
- 背景：在此下拉列表中可以选择PDF文件的背景颜色。
- 包含：在此可以选择转换后的PDF中包含哪些内容，如"文件名"、"标题"等。
- 字体大小：在此下拉列表中选择数值，可以设置"包含"参数中文字的大小。
- 换片间隔__秒：在此文本框中输入数值，可以设置演示文稿切换时的间隔时间。
- 在最后一页之后循环：选中此复选框，将可以在演示文稿播放至最后一页后，自动从第一页开始重新播放。
- 过渡效果：在此下拉列表中，可以选择各图像之间的过滤效果。

根据需要设置上述参数后，单击"存储"按钮，在弹出的对话框中选择PDF文件保存的范围，并单击"保存"按钮，然后会弹出"存储Adobe PDF"对话框，从中可以设置PDF文件输出的属性，最后单击"创建PDF"按钮即可。

12.3.4　经验之谈——PDF演示文稿的实际应用

通过上面的理论介绍不难看出，这个命令如果在没有启用"过渡效果"选项的情况下，输入的就是普通的PDF文件，这通常可以用于交付给客户看PDF小样时使用，其文件较小，便于在网络上进行传输，适合多个文件合并交付时使用。

若是启用"过渡效果"选项，则可以将其用于展览、展示，通常在与客户面对面沟通方案，或以会议的形式讨论方案时较为适用。

12.3.5　图像处理器

执行"文件"|"脚本"|"图像处理器"命令，在弹出的如图12-43所示的对话框中，能够转

換和處理多個文件，從而完成以下各項操作。

(1) 將一組文件的文件格式轉換為*.jpeg、*.psd 或者*.tif格式之一，或者將文件同時轉換為以上三種格式。

(2) 使用相同選項來處理一組相機原始數據文件。

(3) 調整圖像的大小，使其適應指定的大小。

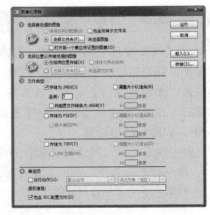

图12-43 "图像处理器"对话框

实例：执行"图像处理器"命令批量转换图像

源文件：	源文件\第12章\12.3.5.psd
视频文件：	视频\12.3.5.avi

要执行此命令处理一批文件，可以参考以下操作步骤。

01 将要处理的图像置于同一文件夹中，例如将它们置于"我的文档\素材图像"文件夹中。

🔍 提 示

可以打开随书所附光盘中的文件夹"源文件\第12章\12.3.5-素材"中的图像进行操作。

在当前实例中，需要为某网站中的图片生成大量的JPG格式缩略图，其最大宽度和高度分别为80像素、60像素。下面执行"图像处理器"命令进行处理。

02 执行"文件"|"脚本"|"图像处理器"命令，弹出如图12-44所示的对话框。

🔍 提 示

观察对话框的左侧可以看出，该对话框已经将其使用流程分为4个步骤，本节的实例中只需要对前3步进行设置即可。

03 单击对话框第1步区域中的"选择文件夹"按钮，在弹出的对话框中选择要处理的图像所在的文件夹，此处可以选择本例第1步设置的文件夹。

04 在对话框的第2步区域中，设置处理后图像存储的位置为"在相同位置存储"。

05 在对话框的第3步区域中选中"存储为JPEG"复选框，并在其下方设置图片品质为8，如图12-45所示。

🔍 提 示

由于当前生成的是图片缩略图，所以无需设置较高的图片品质。

图12-44 "图像处理器"对话框

06 选中"存储为JPEG"后面的"调整大小以适合"复选框，分别在下面的输入框中设置宽度为80像素、高度为60像素，如图12-46所示。

图12-45　设置JPG选项　　　　　　　　图12-46　限制图像大小

07 在确定参数设置完毕后，单击"运行"按钮开始处理图像。

08 图像处理完毕后将在原图像所在位置下生成一个新的文件夹，并以所转换的图像格式进行命名，如图12-47所示。进入该文件即可看到处理完成后的缩览图文件，如图12-48所示。

图12-47　生成名为"JPEG"的文件夹　　　　　图12-48　处理后的图片

可以保持上面实例中对于"图像处理器"的参数设置，在此基础上，再选择"动作"选项，并选择"LAB - 黑白技术"动作预设中的动作，将照片处理成为单色。

12.4　拓展练习——批量照片存储处理

源　文　件：	源文件\第12章\12.4.psd
视频文件：	视频\12.4.avi

01 启动Photoshop选择"动作"面板，单击"创建新组"按钮 ，在弹出的对话框中直接单击"确定"按钮退出，得到"组1"。然后单击"创建新动作"按钮 ，设置如图12-49所示的"新建动作"对话框，单击"记录"按钮，此时的"动作"面板状态如图12-50所示。

02 打开随书所附光盘中的文件"源文件\第12章\12.4-单一素材.jpg"，如图12-51所示。

图12-49 "新建动作"对话框

图12-50 "动作"面板

图12-51 素材图像

03 执行"文件"|"存储为"命令，在弹出的对话框中选择存储位置，同时设置好其存储的格式，如图12-52所示，设置好后单击"保存"按钮并在弹出的对话框中单击"确定"按钮。

🔍 **提 示**

在单击"保存"按钮后，如果弹出"JPEG选项"对话框，此时可以将品质设置为"最佳"，再单击"确定"按钮退出。

04 关闭打开的素材文件，选择"动作"面板，单击"停止播放/记录"按钮 ■，结束动作的录制，得到如图12-53所示的"动作"面板。

05 执行"文件"|"自动"|"批处理"命令，设置弹出的"批处理"对话框，如图12-54所示。

图12-52 "存储为"对话框

图12-53 "动作"面板

图12-54 "批处理"对话框

🔍 **提 示**

"动作"选项框中的"动作1"为在上面步骤中所录制的动作。

06 设置完成后单击"确定"按钮，Photoshop将按上面录制的动作对随书所附光盘中的文件"源文件\第12章\12.4-素材"的文件夹进行重命名，并将其存放到目标文件的存放位置，重命名后的效果如图12-55所示。

图12-55 对文件进行重命名后的效果

12.5 本章小结

本章主要介绍了photoshop中各种自动化处理功能。通过本章的学习，读者应能够熟练地创建与编辑，并能够使用批处理、合成全景图、PDF演示文稿及图像处理等功能，执行相应的自动化处理操作。

12.6 课后习题

1. 单选题

（1）对一定数量的文件，用同样的动作进行操作，以下方法中效率最高的是（　　）。
  A．将该动作的播放设置快捷键，对于每一个打开的文件按一键即可以完成操作
  B．执行菜单"文件"|"自动"|"批处理"命令，对文件进行处理
  C．将动作存储为"样式"，将每一个打开的文件拖放到图像内即可以完成操作
  D．在文件浏览器中选中所有需要处理的文件，单击鼠标右键，在弹出的快捷菜单中执行"应用动作"命令

（2）要显示"动作"面板，可以按（　　）键。
  A．F9   B．F10
  C．F11   D．F6

2. 多选题

（1）以下（　　）任务不能通过"动作"记录下来。
  A．画笔绘制线条   B．魔棒选择选区
  C．磁性套索创建选区   D．海绵工具

（2）关于"动作"记录，以下说法正确的是（　　）。
  A．"自由变换"命令的记录，可以通过执行"动作"面板右上角弹出的菜单中"插入菜单"命令实现
  B．钢笔绘制路径不能直接记录为动作，可以通过执行"动作"面板右上角弹出菜单中的"插入路径"命令实现
  C．选区转化为路径不能被记录为动作
  D．动作调板右上角弹出的菜单中执行"插入停止"命令，当动作运行到此处，会弹出下一步操作的参数对话框，让操作者自行操作，操作结束后会继续执行后续动作

（3）关于"动作"记录，以下说法正确的是（　　）。
  A．"图像尺寸"的操作无法记录到动作中，但可以选择插入菜单命令记录
  B．播放其他动作的操作也可以被记录为动作中的一个命令
  C．"对齐到参考线"等开关命令，执行动作的结果取决于文件当时开或关的状态
  D．记录插入菜单的动作时，可以按菜单命令的快捷键来完成记录

3. 填空题

（1）执行"Photomerge"命令，最少可以对_____张图像进行处理，从而将其融合为一幅图像。

（2）使用"图像处理器"，可以将照片处理为_____、_____和_____格式。

4．判断题

（1）用户可以为动作指定F1以外的快捷键。（　　）

（2）"插入停止"功能必须在停止录制动作的情况下执行。（　　）

（3）在执行"批处理"命令时，每次仅可以指定一个动作进行批量处理操作。（　　）

5．上机操作题

（1）打开随书所附光盘中的文件"源文件\第12章\12.6上机操作题01-素材.jpg"，如图12-56所示。创建一个动作，然后执行"亮度/对比度"及"自然饱和度"命令对照片进行处理，关闭并保存对照片的处理，得到如图12-57所示的效果，对应的"动作"面板如图12-58所示。

图12-56　素材图像　　　　　　　　　图12-57　处理效果

图12-58　"动作"面板

（2）打开随书所附光盘文件夹中的照片"源文件\第12章\12.6上机操作题02-素材"，利用上一题中录制得到的动作，执行"批处理"命令对其中所有的照片进行处理，并将处理完成的照片以"照片-3位序号"的方式进行命名，处理后的效果如图12-59所示。

图12-59　重命名

第13章
综合案例

本章主要介绍两个综合实例，用以巩固前面学习的Photoshop知识，同时还介绍一些在实际工作过程中需要注意的事项，以及相关的行业规范。

13.1 《巴黎没有摩天轮》封面设计

例前导读：

本例是以《巴黎没有摩天轮》封面设计作品。在制作的过程中，设计师用大面积的白色作为整个封面的底图，使作品给人们无限量的想象空间，整体看起来简单明了、结构清晰，加上醒目的文字，给人一种一睹为快的感觉。

核心技能：

- 结合标尺及辅助线划分封面中的各个区域。
- 结合路径以及渐变填充图层的功能制作图像的渐变效果。
- 利用蒙版功能隐藏不需要的图像。
- 利用变换功能调整图像的大小、角度及位置。
- 使用"形状工具"绘制形状。
- 结合路径及用画笔描边路径的功能，为所绘制的路径进行描边。
- 应用"色彩平衡"调整图层调整图像的色彩属性。

源 文 件：	源文件\第13章\13.1.psd
视频文件：	视频\13.1.avi

13.1.1 经验之谈——书脊厚度的计算方法

书脊厚度的计算公式如下：

印张×开本÷2×纸的厚度。

或者也可以使用下面的公式：

全书页码数÷2×纸的厚度。

例如：一本16开的书籍，共有正文314页，扉页、版式权页、目录页共14页，使用80克金球胶版纸进行彩色印刷，则其书脊厚度的计算方法如下所述。

首先，计算出整本书的印纸数：

（314+14）÷16=20.5个印张

然后，按书脊厚度计算公式进行计算：

20.5×160÷2×0.098≈16毫米

由于已知全书的页码数为328，因此也可以直接使用第二个公式进行计算，即：

328÷2×0.098≈16毫米

提 示

不同的纸张类型，其厚度也各不相同，因此在计算前要确认纸厚。

13.1.2 经验之谈——封面尺寸的计算方法

以16K尺寸的封面为例，其尺寸为宽度×高度=185mm×260mm，其封面的高度就是260mm。而对于封面的宽度，则需在设计时将正封、书脊与封底三者的宽度尺寸相加。例如当前制作的封面设计文件中，其封面的宽度就应该是：正封宽度+书脊宽度+封底宽度

=185mm+12mm+185mm=382mm。

另外，在Photoshop中设计封面时，还要在各边增加3mm的出血，即宽度+6mm、高度+6mm。以本例中的封面为例，封面的宽度数值为正封宽度（210mm）+书脊宽度（20mm）+封底宽度（210mm）+左右出血（各3mm）=446mm，封面的高度数值为上下出血（各3mm）+封面的高度（285mm）=291mm。

01 按Ctrl+N组合键新建一个文件，设置弹出的对话框中的参数，如图13-1所示，单击"确定"按钮退出对话框，以创建一个新的空白文件。

02 按Ctrl+R组合键显示标尺，按Ctrl+;组合键调出辅助线。按照上面的提示内容在画布中添加辅助线以划分封面中的各个区域，如图13-2所示。按Ctrl+R组合键隐藏标尺。

图13-1　"新建"对话框

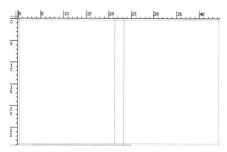

图13-2　划分区域

> **提 示**
>
> 下面结合路径及渐变填充图层的功能，制作封面下方的渐变效果。

03 选择"矩形工具" ■ ，在工具选项栏上单击"路径"选项，在画布的下方绘制如图13-3所示的路径。单击"创建新的填充或调整图层"按钮 ● ，在弹出的菜单中执行"渐变"命令，设置弹出的对话框中的参数，如图13-4所示，得到如图13-5所示的效果，同时得到图层"渐变填充1"。

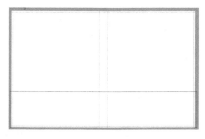

图13-3　绘制路径

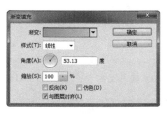

图13-4　"渐变填充"对话框

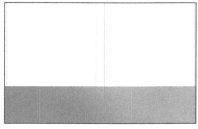

图13-5　执行"渐变"命令后的效果

> **提 示**
>
> 在"渐变填充"对话框中，渐变类型为"从a4c9b7到c9dfdc"。下面制作正封的图像效果。

04 打开随书所附光盘中的文件"源文件\第13章\13.1-素材1.psd"，使用"移动工具" ▶+ 将其拖至上一步制作的文件中，得到"图层1"。按Ctrl+T组合键调出自由变换控制框，按Shift键向外拖动控制句柄以放大图像及移动位置，按Enter键确认操作，得到的效果如图13-6所示。

05 选择"矩形工具" ■ ，在工具选项栏上选择"路径"选项，在人物图像上绘制如图13-7所示

的路径。按住Ctrl键单击"添加图层蒙版"按钮 ，为"图层1"添加蒙版，隐藏路径后的效果如图13-8所示。

图13-6　调整图像　　　　　图13-7　绘制路径　　　　图13-8　添加蒙版后的效果

06 打开随书所附光盘中的文件"源文件\第13章\13.1-素材2.psd"，使用"移动工具" ▶⊕ 将其拖至上一步制作的文件中，得到"图层2"。利用自由变换控制框调整图像的大小及位置，得到的效果如图13-9所示。

🔍 提 示

　　至此，正封中的图片效果已制作完成。下面制作书名文字。

07 选择"横排文字工具" T.，设置前景色的颜色值为26342d，并在其工具选项栏上设置适当的字体和字号，在右侧图片的下方输入文字"巴黎"，如图13-10所示。

08 按照上一步的操作方法，应用"文字工具"继续输入书名文字，如图13-11所示。"图层"面板如图13-12所示。

图13-9　调整图像　　　图13-10　输入文字　　　图13-11　继续输入文字　　　图13-12　"图层"面板

🔍 提 示

　　本步中为了方便图层的管理，在此将制作文字的图层选中，按Ctrl+G组合键执行"图层编组"操作得到"组1"，并将其重命名为"书名"。在下面的操作中，也对各部分进行了编组的操作，在步骤中不再叙述。

　　在本步操作过程中，没有给出图像的颜色值，可依审美观进行颜色搭配。在下面的操作中，不再做颜色的提示。下面制作其他相关说明文字。

09 按照第7步的操作方法，应用"文字工具"制作正封中的其他相关文字信息，如图13-13所示。"图层"面板如图13-14所示。

🔍 提示

　　本步中设置"文字"图层"PARIS WAITS FOR YOU"的不透明度为50%。下面制作部分文字的透视效果。

10 选择"文字"图层"最触动内心的超人气"，在其图层名称上单击鼠标右键，在弹出的快捷菜单中执行"转换为智能对象"命令，从而将其转换为智能对象图层。在后面将对该图层中的图像进行透视操作，而智能对象图层则可以记录下所有的透视参数，以便于进行反复调整。

11 按Ctrl+T组合键调出自由变换控制框，在控制框内单击鼠标右键，在弹出的快捷菜单中执行"透视"命令，向下拖动左上角的控制句柄，使文字具有一种由细至粗的透视效果，如图13-15所示，按Enter键确认操作。

图13-13　制作其他文字图像　　　　图13-14　"图层"面板　　　　图13-15　变换状态

12 按照第10~11步的操作方法，利用变换中的"透视"功能，制作右下角文字"限量版时尚精美书签"的透视效果，如图13-16所示。

🔍 提示

　　下面结合"形状工具"、路径、渐变填充以及图层蒙版等功能，制作部分文字下方的图形，以突出重点文字。

13 选择组"书名"作为当前的操作对象，设置前景色的颜色值为040301。选择"矩形工具"🔲，在工具选项栏上选择"形状"选项，在文字"穷忙时代"下绘制矩形，如图13-17所示。同时得到"矩形1"。

14 复制"矩形1"得到"矩形1副本"，使用"移动工具"▶╋按住Shift键向右移动图像至文字"畅销书"下，如图13-18所示。

图13-16　制作右下角文字的透视效果　　　图13-17　绘制形状　　　　图13-18　复制及移动图像

创意大学
Photoshop CS6标准教材

15　设置前景色的颜色值为969d9b，选择"钢笔工具" ，在工具选项栏上选择"形状"选项，在正封的右下角绘制如图13-19所示的形状，得到"形状1"。

16　确认"形状1"处于选中的状态，切换至"路径"面板，双击"形状1形状路径"路径名称，以将此路径存储为"路径1"。选择"路径选择工具" 调整"路径1"的位置，如图13-20所示。

图13-19　绘制形状

图13-20　调整路径的位置

17　切换回"图层"面板，单击"创建新的填充或调整图层"按钮 ，在弹出的菜单中执行"渐变"命令，设置弹出的对话框中的参数，如图13-21所示，得到如图13-22所示的效果，同时得到图层"渐变填充2"。

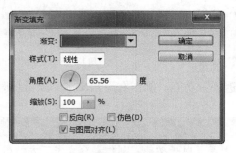

图13-21　"渐变填充"对话框

图13-22　执行"渐变"命令后的效果

🔍 **提 示**

在"渐变填充"对话框中，渐变类型为"从3d755c到859d87"。下面利用图层蒙版的功能，制作书签孔。

18　单击"添加图层蒙版"按钮 为"渐变填充2"添加蒙版，设置前景色为黑色。选择"画笔工具" ，在其工具选项栏中设置适当的画笔大小及硬度。在图层蒙版中单击，以将右端的部分图像隐藏起来，直至得到如图13-23所示的效果。

19　按住Alt键将"渐变填充2"的图层蒙版拖至"形状1"图层名称上以复制蒙版，此时的图像状态如图13-24所示。

🔍 **提 示**

下面结合路径及描边路径等功能，制作书签上的线图像。

20　选择"钢笔工具" ，在工具选项栏上选择"路径"选项，在书签孔处绘制如图13-25所示的路径。新建"图层3"，设置前景色为白色。选择"画笔工具" ，并在其工具选项栏中设置画笔为"柔角2像素"，不透明度为100%。切换至"路径"面板，单击"用画笔描边路径"按钮 ⊙，隐藏路径后的效果如图13-26所示。

21 切换回"图层"面板，按照第18步的操作方法为"图层3"添加蒙版，应用"画笔工具" ✐ 在蒙版中进行涂抹，以制作线穿过孔的效果，如图13-27所示。"图层"面板如图13-28所示。

图13-23　添加蒙版后的效果

图13-24　复制蒙版后的效果

图13-25　绘制路径

图13-26　描边后的效果

图13-27　添加蒙版后的效果

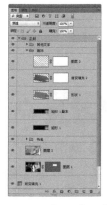

图13-28　"图层"面板

🔍 提　示

至此，正封中的图像已制作完成。下面制作书脊及封底图像。

22 根据前面介绍的操作方法，结合"文字工具"、复制图层以及图层蒙版等功能，制作书脊及封底中的图像，如图13-29所示。"图层"面板如图13-30所示。

图13-29　制作书脊及封底图像

图13-30　"图层"面板

🔍 提 示

　　本步中应用到的素材为随书所附光盘中的文件"源文件\第13章\13.1-素材3.psd~素材7.psd"。下面调整图像整体的色彩，完成制作。

23 单击"创建新的填充或调整图层"按钮 ◑，在弹出的菜单中执行"色彩平衡"命令，得到图层"色彩平衡1"，设置弹出的面板中的参数，如图13-31所示，得到如图13-32所示的最终效果。"图层"面板如图13-33所示。

图13-31　"色彩平衡"面板　　　　图13-32　最终效果　　　　图13-33　"图层"面板

13.2　点智啤酒宣传设计

😎 例前导读：

　　本例是以点智啤酒为主题的宣传作品。在制作的过程中，主要以处理背景中的纹理为核心，并以大面积的浅黄色作为底图，给人一种亲和力。另外，背景中的花纹以及色彩鲜艳的装饰图像在视觉上也具有强悍的冲击力。

😎 核心技能：

* 应用调整图层的功能，调整图像的色彩、亮度等属性。
* 利用再次变换并复制的操作制作规则的图像。
* 利用图层蒙版功能隐藏不需要的图像。
* 利用剪贴蒙版限制图像的显示范围。
* 通过设置图层属性以混合图像。
* 应用"颜色叠加"图层样式改变图像的色彩。

源 文 件：	源文件\第13章\13.2.psd
视频文件：	视频\13.2.avi

01 按Ctrl+N组合键新建一个文件，设置弹出的对话框如图13-34所示，创建一个新的空白文件。

🔍 提 示

　　下面利用素材图像，结合调整图层以及编辑蒙版的功能，制作背景图像。

02 打开随书所附光盘中的文件"源文件\第13章\13.2-素材1.psd"，使用"移动工具" ▶╋将其拖至刚制作的文件中，并与当前的画布吻合，如图13-35所示，同时得到"图层1"。

图13-34 "新建"对话框   图13-35 摆放图像

03 单击"创建新的填充或调整图层"按钮 ⊙ ，在弹出的菜单中执行"色彩平衡"命令，设置弹出的面板如图13-36、图13-37和图13-38所示，同时得到图层"色彩平衡1"，效果如图13-39所示。

图13-36 "阴影"选项   图13-37 "中间调"选项   图13-38 "高光"选项

04 单击"创建新的填充或调整图层"按钮 ⊙ ，在弹出的菜单中执行"渐变映射"命令，设置弹出的面板如图13-40所示，得到如图13-41所示的效果，同时得到图层"渐变映射1"。

图13-39 应用"色彩平衡"后的效果   图13-40 "渐变映射"面板   图13-41 应用"渐变映射"后的效果

05 在"渐变映射1"图层蒙版激活的状态下，设置前景色为黑色。选择"画笔工具" ✓ ，在其工具选项栏中设置适当的画笔大小及不透明度，在图层蒙版中进行涂抹，以将画面中大部分渐变效果隐藏起来，直至得到如图13-42所示的效果。

06 打开随书所附光盘中的文件"源文件\第13章\13.2-素材2.psd"，使用"移动工具" ⊹ 将其拖至刚制作的文件中，得到"图层2"。按Ctrl+T组合键调出自由变换控制框，在控制框内单击鼠标右键，在弹出的快捷菜单中执行"水平翻转"命令，然后再执行"垂直翻转"命令，将图像移至文件的上方位置，按Enter键确认操作，得到的效果如图13-43所示。

07 设置"图层2"的混合模式为"滤色",以提亮图像,得到的效果如图13-44所示。选择"画笔工具" ✎,打开随书所附光盘中的文件"源文件\第13章\13.2-素材3.abr",在画布中单击鼠标右键,在弹出的画笔显示框中选择刚刚打开的画笔。

图13-42 编辑蒙版后的效果

图13-43 调整图像

图13-44 设置混合模式后的效果

08 单击"添加图层蒙版"按钮 ▣ 为"图层2"添加蒙版,设置前景色为黑色,选择上一步载入的画笔,在图层蒙版中进行涂抹,以将右侧及下方部分图像隐藏起来,直至得到如图13-45所示的效果,此时蒙版中的状态如图13-46所示。"图层"面板如图13-47所示。

图13-45 添加蒙版后的效果

图13-46 蒙版中的状态

图13-47 "图层"面板

09 打开随书所附光盘中的文件"源文件\第13章\13.2-素材4.psd",使用"移动工具" ⊞ 将其拖至刚制作的文件中,并按图13-48所示的位置进行摆放,同时得到"图层3"。设置此图层的混合模式为"柔光",以融合图像,得到的效果如图13-49所示。

10 打开随书所附光盘中的文件"源文件\第13章\13.2-素材5.psd",按照第6~8步的操作方法,结合变换、混合模式以及图层蒙版等功能,制作文件下方的纹理效果,如图13-50所示,同时得到"图层4"。

图13-48 摆放图像

图13-49 设置混合模式后的效果

图13-50 制作纹理图像

11 选择"色彩平衡1",设置前景色为黑色。选择"画笔工具" ✍ ,在其工具选项栏中设置适当的画笔大小及不透明度,在图层蒙版中进行涂抹,以将右侧的色彩效果隐藏起来,直至得到如图13-51所示的效果。

12 按Ctrl+Alt+A组合键选择除"背景"图层以外的所有图层,按Ctrl+G组合键执行"图层编组"操作,得到"组1",并将其重命名为"背景"。"图层"面板如图13-52所示。

> 🔍 **提 示**
>
> 为了方便图层的管理,在此对制作背景的图层进行编组操作。在下面的操作中,也对各部分进行了编组操作,步骤中不再叙述。至此,背景中的纹理图像已制作完成。下面制作主题啤酒瓶图像。

13 选择组"背景",打开随书所附光盘中的文件"源文件\第13章\13.2-素材6.psd",使用"移动工具" ⊹ 将其拖至刚制作的文件中,应用自由变换控制框调整图像的大小、角度(1°)及位置,得到如图13-53所示的效果。同时得到"图层5"。

图13-51 添加蒙版后的效果　　　图13-52 "图层"面板　　　图13-53 调整图像

> 🔍 **提 示**
>
> 下面调整啤酒瓶图像的色彩及亮度。

14 单击"创建新的填充或调整图层"按钮 ◐. ,在弹出的菜单中执行"色彩平衡"命令,得到图层"色彩平衡2",按Ctrl+Alt+G组合键执行"创建剪贴蒙版"操作,设置弹出的面板如图13-54~图13-56所示,得到如图13-57所示的效果。

15 按照上一步的操作方法创建"亮度/对比度"调整图层,设置其面板如图13-58所示,得到如图13-59所示的效果,同时得到图层"亮度/对比度1"。

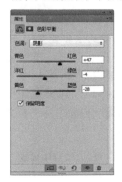

图13-54 "阴影"选项　　　图13-55 "中间调"选项　　　图13-56 "高光"选项

图13-57　应用"色彩平衡"后的效果　　图13-58　"亮度/对比度"面板　　图13-59　应用"亮度/对比度"后的效果

16 重复上一步的操作方法创建"通道混合器"调整图层，设置其面板如图13-60和图13-61所示，得到如图13-62所示的效果，同时得到图层"通道混合器1"。

图13-60　"红"通道　　　　　图13-61　"绿"通道　　　　图13-62　应用"通道混合器"后的效果

> **提　示**
>
> 此时观察由本步中的"通道混合器"命令调整后的图像可以看出，由于调整的参数很大，所以导致局部的图像已经出现了颜色过浓的现象，下面将利用编辑图层蒙版，以解决这个问题。

17 在"通道混合器1"图层蒙版激活的状态下，设置前景色为黑色。选择"画笔工具"，在其工具选项栏中设置适当的画笔大小及不透明度，以将瓶颈及瓶身右侧的色彩效果渐隐，直至得到如图13-63所示的效果。"图层"面板如图13-64所示。

> **提　示**
>
> 下面利用素材图像，结合混合模式以及剪贴蒙版等功能制作酒瓶两侧的水印效果。

18 打开随书所附光盘中的文件"源文件\第13章\13.2-素材7.psd"，使用"移动工具" 将其拖至刚制作的文件中，并置于瓶身的左侧，按Ctrl+Alt+G组合键执行"创建剪贴蒙版"操作，得到的效果如图13-65所示。同时得到"图层6"。设置此图层的混合模式为"叠加"，以混合图像，得到的效果如图13-66所示。

19 将"图层6"拖至"创建新图层"按钮 上得到"图层6副本"，应用自由变换控制框进行水平翻转，并调整图像的大小及位置（瓶子的右下侧），得到的效果如图13-67所示。

20 新建"图层7"，按Ctrl+Alt+G组合键执行"创建剪贴蒙版"操作，设置前景色为4ff6e0。选择"画笔工具" ✎，并在其工具选项栏中设置适当的画笔大小及不透明度，在瓶颈处进行涂抹，直至得到如图13-68所示的效果。

图13-63　编辑蒙版后的效果

图13-64　"图层"面板

图13-65　创建剪贴蒙版后的效果

图13-66　设置混合模式后的效果

图13-67　复制及调整图像

图13-68　涂抹效果

21 设置"图层7"的混合模式为"强光"，以融合图像，得到的效果如图13-69所示。选择"椭圆工具" ⬭，在工具选项栏上选择"路径"选项，在瓶底绘制如图13-70所示的路径。按Ctrl+Enter组合键将路径转换为选区。

22 保持选区，按Shift+F6组合键执行"羽化"命令，在弹出的对话框中设置"羽化半径"数值为5，单击"确定"按钮退出对话框，得到如图13-71所示的选区状态。

23 保持选区，选择组"背景"，新建"图层8"，设置前景色为5c5423。按Alt+Delete组合键填充前景色，按Ctrl+D组合键取消选区，得到如图13-72所示的效果。设置此图层的混合模式为"正片叠底"，以加深图像，得到的效果如图13-73所示。

24 单击"添加图层蒙版"按钮 ⬜ 为"图层8"添加蒙版，设置前景色为黑色。选择"画笔工具" ✎，在其工具选项栏中设置适当的画笔大小及不透明度，在图层蒙版中进行涂抹，以将两侧上方的部分图像隐藏起来，直至得到如图13-74所示的效果。"图层"面板如图13-75所示。

图13-69　设置混合模式

图13-70　绘制路径

图13-71　选区状态

图13-72　填充效果

图13-73　设置混合模式后
的效果

图13-74　添加蒙版后
的效果

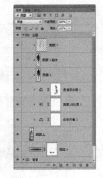

图13-75　"图层"面板

25 选择组"背景"，打开随书所附光盘中的文件"源文件\第13章\13.2-素材8.psd"，按照第6~8步的操作方法，结合变换、混合模式以及图层蒙版等功能，制作文件右侧的纹理效果，如图13-76所示。同时得到"图层9"。

🔍 **提　示**

> 本步设置了"图层9"的混合模式为"正片叠底"。另外，在涂抹蒙版时使用的画笔为随书所附光盘中的文件"源文件\第13章\13.2-素材9.abr"，载入的方法与第7步一样。

26 按照第16~17步的操作方法，结合调整图层与编辑蒙版的功能，调整图像的色彩，得到的效果如图13-77所示。此时的"图层"面板如图13-78所示。

图13-76　制作纹理效果

图13-77　调整色彩后的效果

图13-78　"图层"面板

🔍 **提 示**

　　本步中关于调整图层对话框中的参数设置请参考最终效果源文件。下面结合"画笔工具"🖌️及
画笔素材等制作画面中的装饰图像。

27 按照第7步的操作方法打开随书所附光盘中的文件"源文件\第13章\13.2-素材10.abr"，新建
"图层10"，设置前景色为8bdb0a，选择刚载入的画笔，在文件右侧偏下的地方进行涂抹，
直至得到如图13-79所示的效果。设置当前图层的混合模式为"变亮"，以提亮图像，得到的
效果如图13-80所示。

28 打开随书所附光盘中的文件"源文件\第13章\13.2-素材11.psd"，使用"移动工具"➕将其拖
至刚制作的文件中，并置于文件的右下角，如图13-81所示。同时得到"图层11"。

图13-79　涂抹效果　　　　　图13-80　设置混合模式后的效果　　　　　图13-81　摆放图像

29 单击"添加图层蒙版"按钮⬜为"图层11"添加蒙版，设置前景色为黑色。选择"画笔工
具"🖌️，在其工具选项栏中设置适当的画笔大小及不透明度，在图层蒙版中进行涂抹，以将
右下角的图像渐隐，直至得到如图13-82所示的效果。

30 单击"添加图层样式"按钮 fx.，在弹出的菜单中执行"颜色叠加"命令，设置弹出的对话框
如图13-83所示，得到如图13-84所示的效果。

 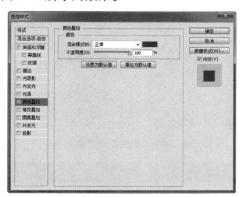 

图13-82　添加蒙版后的效果　　　　图13-83　"颜色叠加"设置　　　　图13-84　添加图层样式后的效果

🔍 **提 示**

　　在"颜色叠加"对话框中，颜色块的颜色值为29580a。

31 利用素材图像，给合图层属性、复制图层、图层样式以及图层蒙版等功能，完善画面中的装饰图像，如图13-85所示。"图层"面板如图13-86所示。图13-87所示为单独显示组"装饰"时的图像状态。

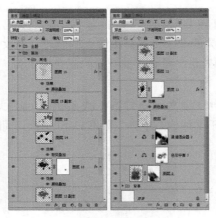

图13-85　完成装饰图像　　　　　图13-86　"图层"面板　　　　　图13-87　单独显示图像状态

> **提　示**
>
> 　　本步应用到的素材图像为随书所附光盘中的文件"源文件\第13章\13.2-素材12.psd～素材16.psd"；关于"图层样式"对话框中的参数设置，以及为个别图层设置的图层属性请参考最终效果源文件。下面制作画面中的各种物体及小点缀。

32 选择组"背景"，分别打开随书所附光盘中的文件"源文件\第13章\13.2-素材17.psd和素材18.psd"，使用"移动工具" ▶⊕ 依次拖至刚制作的文件中，并分布在瓶身的周围，如图13-88所示。图13-89所示为单独显示本步的图像状态。"图层"面板如图13-90所示。

图13-88　最终效果　　　　　图13-89　单独显示图像状态　　　　　图13-90　"图层"面板

> **提　示**
>
> 　　本步是以组的形式给的素材，由于其操作在前面均已详细介绍，在叙述上略显烦琐，可以参考最终效果源文件进行参数设置，展开组即可看到操作的过程。另外，在制作的过程中，注意各个组的顺序。
> 　　组"小点缀"中所用到的画笔可参考随书所附光盘中的"源文件\第13章\13.2-素材19"。在此，简单地介绍一下形状的绘制方法，首先选择一种适当的"形状工具"，然后在"形状工具"选项栏中选择"形状"选项，最后在画面中绘制所需要的形状。

习题答案

第1章

1. 单选题

(1) D   (2) C   (3) A

2. 多选题

(1) BD   (2) ABCD   (3) ABC

3. 填空题

(1) 工具箱、面板

(2) Ctrl+N   (3) 拉直

4. 判断题

(1) ×   (2) ✓   (3) ✓   (4) ✓

5. 上机操作题

(略)

第2章

1. 单选题

(1) A   (2) B

2. 多选题

(1) ABCD   (2) BC

(3) BC   (4) ABD

3. 填空题

(1) Shift   (2) 鼠标左键

(3) 色彩范围

4. 判断题

(1) ✓   (2) ×   (3) ×   (4) ✓

5. 上机操作题

(略)

第3章

1. 单选题

(1) B   (2) A   (3) D

2. 多选题

(1) CD   (2) ABCD   (3) ABC

(4) AB   (5) ABD

3. 填空题

(1) Ctrl+G   (2) Alt

(3) 智能对象

4. 判断题

(1) ✓   (2) ✓   (3) ✓

5. 上机操作题

(略)

第4章

1. 单选题

(1) C   (2) D   (3) D

2. 多选题

(1) BCD   (2) ABD

3. 填空题

(1) F5

(2) 径向渐变

(3) Alt+Delete、Ctrl+Delete

4. 判断题

(1) ✓   (2) ✓   (3) ×

5. 上机操作题

(略)

第5章

1. 单选题

(1) A   (2) B

(3) C   (4) C

2. 多选题

(1) AB   (2) ABD   (3) ACD

3. 填空题

(1) 形状   (2) 直接选择

(3) 形状

4. 判断题

(1) ×   (2) ×   (3) ✓

5. 上机操作题

(略)

第6章

1. 单选题

(1) C   (2) C   (3) C   (4) D

2. 多选题

(1) AD   (2) AB

(3) ABD   (4) ABC

3. 填空题

(1) Ctrl+Alt+Shift+T

(2) 照片滤镜　　　(3) 青

4. 判断题

(1) ✓　　(2) ✓　　(3) ✓

(4) ✓　　(5) ×

5. 上机操作题

(略)

第7章

1. 单选题

(1) D　　(2) A

2. 多选题

(1) ABD　(2) ABC

3. 填空题

(1) 填充不透明度

(2) Ctrl+Alt+G　　(3) Alt

4. 判断题

(1) ×　　(2) ✓

(3) ×　　(4) ×

5. 上机操作题

(略)

第8章

1. 单选题

(1) D　　(2) C

2. 多选题

(1) AB　(2) ABCD　(3) ABCD

3. 填空题

(1) 点、线条、表面

(2) 深度映射

4. 判断题

(1) ✓　　(2) ✓　　(3) ✓

5. 上机操作题

(略)

第9章

1. 单选题

(1) B　　(2) B

2. 多选题

(1) ABC　(2) AB　(3) AB

3. 填空题

(1) Ctrl+T、Ctrl+M

(2) 路径绕排文字

4. 判断题

(1) ✓　　(2) ✓　　(3) ×

5. 上机操作题

(略)

第10章

1. 单选题

(1) C　　(2) C

2. 多选题

(1) AB　(2) CD

3. 填空题

(1) 偏移模糊　　(2) 油画

(3) 褶皱

4. 判断题

(1) ✓　　(2) ×　　(3) ✓

(4) ×　　(5) ✓

5. 上机操作题

(略)

第11章

1. 单选题

(1) C　　(2) B

2. 多选题

(1) ABC　(2) AD

3. 填空题

(1) Alpha通道　　(2) 白色

4. 判断题

(1) ✓　　(2) ×　　(3) ×

5. 上机操作题

(略)

第12章

1. 单选题

(1) B　　(2) A

2. 多选题

(1) AD　(2) AB　(3) BCD

3. 填空题

(1) 2　(2) PEG、TIFF、PSD

4. 判断题

(1) ×　　(2) ×　　(3) ✓

5. 上机操作题

(略)